城工学院理工类学术专著出版基金
家自然科学基金项目（61202003）
苏省自然科学基金重点项目（BK2011022）
苏省科技型企业技术创新资金项目（BC2015178）
苏省高校自然科学基金项目（16KJB520042）
城工学院人才引进项目（XJ201517）

压缩感知算法的
快速处理及应用研究

张永平 —— 著

U0304353

江苏大学出版社
JIANGSU UNIVERSITY PRESS

镇 江

图书在版编目(CIP)数据

压缩感知算法的快速处理及应用研究 / 张永平著
. — 镇江：江苏大学出版社，2019.12(2024.4 重印)
ISBN 978-7-5684-1230-8

Ⅰ.①压… Ⅱ.①张… Ⅲ.①数据压缩－计算机算法
－研究 Ⅳ.①TP274②TP301.6

中国版本图书馆 CIP 数据核字(2019)第 261595 号

压缩感知算法的快速处理及应用研究
Yasuo Ganzhi Suanfa De Kuaisu Chuli Ji Yingyong Yanjiu

著　　者	张永平
责任编辑	徐　婷
出版发行	江苏大学出版社
地　　址	江苏省镇江市京口区学府路 301 号(邮编：212013)
电　　话	0511-84446464(传真)
网　　址	http://press.ujs.edu.cn
排　　版	镇江市江东印刷有限责任公司
印　　刷	北京一鑫印务有限责任公司
开　　本	890 mm×1 240 mm　1/32
印　　张	5.875
字　　数	166 千字
版　　次	2019 年 12 月第 1 版
印　　次	2024 年 4 月第 2 次印刷
书　　号	ISBN 978-7-5684-1230-8
定　　价	49.00 元

如有印装质量问题请与本社营销部联系(电话：0511-84440882)

前　言

随着云计算、大数据、物联网、移动通信等新型信息技术的发展和"互联网＋"工程的推进,我国已进入"互联网＋大数据"的时代,"万物"皆可入网、"万物"皆可数据化,创造了一系列新的行业发展生态,如智慧城市、智能制造、智慧家居、智能交通、智慧农业等。由此而来的是,人们在生活和生产中部署的数据采集设备数量非常庞大,获取的数据规模也急剧增长,各行业每天产生的数据量都可以轻而易举地突破 PB 级,这对数据的采集、传输、存储和处理都提出了巨大的挑战。

通常,在数据采集中使用的信号采样方法都是基于香农－奈奎斯特(Shannon－Nyquist)采样定理(Sampling Theorem,又称抽样定理或取样定理)的。为了保证重构的信号不失真,香农－奈奎斯特采样定理要求必须以不低于 2 倍信号最大带宽的速率进行采样,从而使得遵循采样定理获取的采集数据冗余信息的比例非常大,其在被存储时又需要进行压缩,这就造成极大的浪费,而压缩感知采样方法可以避免这种情况。

压缩感知(Compressed Sensing,CS)是一种能够把对信号的采样和对数据的压缩同时完成的新型采样方法,它可以以远低于香农－奈奎斯特采样定理规定的采样率对信号采样,用少量采样值表示全长的信号。以其减少采样数目的优点,压缩感知理论在出现之初就吸引了信号、通信、电子信息、统计理论、编解码理论和计算机等众多领域的研究热情,被认为是信息科学近年来最重大的研究成果,但压缩感知方法的信号重构是通过求解数值优化问题实现的,具有较高的计算复杂度。为了提高压缩感知方法的可用性,就需要展开算法加速和构造快速算法的研究。通常,快速压缩感知算法研究都是以增加观测值的数目(降低压缩比)或降低重构信号的精度实现的,而算法的加速需要更多计算资源的支持。

本书在借鉴现有成果的基础上,围绕压缩感知方法及其应用这个主题展开研究,研究内容层层递进、研究深度步步深入:针对压缩感知算法计算复杂度高、信号重构时间长的问题,研究了算法的并行化、多核/众核并行处理、云计算加速方法及快速压缩感知算法的构造;为拓展压缩感知方法的应用,提出把压缩感知方法引入物联网(Internet of Things, IoT)的数据采集和处理中,设计了基于物联网资源的算法混合加速方案。本书中的相关研究可以显著降低采集数据的规模,提高数据处理的速度,有效地促进当前智慧城市、智能制造、"互联网+"等工程的实施。

全书共分为7章,其中第3章至第6章是主体部分,主要研究成果及创新点如下:

(1)针对压缩感知方法中信号的重构算法运行时间过长的问题,研究了并行计算(Parallel Computing)技术,提出面向二维信号的算法并行化方法,实现了典型算法的多核并行加速。实验表明,多核并行加速可以在不改变观测值数目(决定压缩比)和重构信号精度的前提下,提高算法的执行速度,加速效果良好。

(2)为了适应云计算的计算模式,在并行化的基础上提出了压缩感知算法的云加速方案。该方案建立在开源云框架 OpenStack 之上,实现了复杂操作的并行化和复杂对象的序列化,解决了代码的自动转换、函数向云端迁移、本地和云端操作同步等问题,可以几乎不作修改地利用云资源加速基于 Python 语言的压缩感知算法。

(3)针对压缩感知算法重构时间的不可预估性和随信号规模增加而高速增长的问题,深入研究了正交匹配追踪算法 OMP 及其采用的最小二乘优化方法,提出了分块快速正交匹配追踪算法 BFOMP(Block Fast OMP)。该算法基于二维信号整体重构的思想,用观测矩阵原子与二维残差之间的相关性测量代替观测矩阵原子与一维残差之间的相关性测量,降低了算法的计算复杂度;同时引入分块重构理论,调整了分块大小并重新设计了观测矩阵,可以在不增加观测值数目的前提下降低重构操作的计算规模,并增强了重构时间的可预估性。

(4)为了降低物联网中采集数据的规模和验证快速压缩感知算法的应用,提出在物联网的数据采集和处理中引入压缩感知方法,设计了基于多核并行处理、云加速框架和物联网资源的混合加速方案,并实现了相应的调度流程和应用示例,提出了未来的一些研究思路。

本书在出版过程中得到了盐城工学院理工类学术专著出版基金的资助,部分内容的研究工作还得到了国家自然科学基金项目(61202003)、江苏省自然科学基金重点项目(BK2011022)、江苏省科技型企业技术创新资金项目(BC2015178)、江苏省高校自然科学基金项目(16KJB520042)和盐城工学院人才引进项目(XJ201517)等的资助。在本书的相关研究中,作者还得到了南京理工大学张功萱教授和王永利教授以及中国矿业大学王刚老师的指导和帮助,南京理工大学计算机科学与工程学院 2044 实验室的博士生和硕士生在程序设计、数值模拟、实验及验证等方面做了大量工作,在此一并表示衷心的感谢!

由于时间仓促和水平有限,书中难免存在不足和错漏,敬请读者批评指正!

张永平

2019 年 6 月 1 日

目　录

第1章　绪论

"互联网+"是创新2.0下的互联网发展新业态。2015年3月5日,李克强总理在十二届全国人大三次会议上的政府工作报告中明确提出了"互联网+"的概念,并将之正式提升至国家战略的高度。自此,以互联网为纽带,结合以云计算、大数据、物联网、移动通信等为代表的新型信息技术,与其他行业进行深度融合,创造了一系列新的行业发展生态,如智慧城市、智能制造、智慧家居、智能交通、智慧农业等。随着"互联网+"工程建设的推进,"入网"的数据感知设备大量增加,采集到的数据量也急剧增长,这对数据的采集、传输、存储和处理都提出了巨大的挑战,需要研究新型的数据采集方法及相关技术。

本章首先介绍了新型的数据采集方法——压缩感知的提出和理论框架,并从压缩感知方法应用的角度提出了亟须解决的问题及研究意义,然后给出了压缩感知方法的国内外研究现状,最后简要描述了本书的主要研究内容和组织结构。

1.1　研究背景

当前,我国正处于"互联网+大数据"的时代,"万物"皆可入网、"万物"皆可数据化。由此而来的是,部署的数据采集设备数量非常庞大且仍在快速增加。据统计,从2009年国家电网集团发布智能电网系统规划开始,截至2018年底,累计安装智能电表数量已超过4.57亿台,而智能电网系统将在2019年迎来新的安装周期;2017年,我国银行卡新增发卡量为6.6亿张,已累计发行超过

70亿张,而受理银行卡的POS机也超过了3 100万台。根据IDC研究统计,全球CMOS(Complementary Metal - Oxide - Semiconductor)传感器出货总量于2019年突破60亿大关,零售业的RFID(Radio Frequency Identification)标签销售规模年增长率已增加至30%。据相关报道,截至2018年我国已经发射卫星400余颗,其中在轨卫星超过200颗,这些卫星为我国在通信、气象、导航、空间科学等领域的发展奠定了坚实的基础,但这些卫星也不可避免地携带了大量数据采集设备。

数据采集设备不断地从数据源获取着采样数据,这个过程被称为数据采集或数据获取,它是人类生产生活中一个非常重要的活动。通常,在数据采集中使用的信号采样方法都是基于香农 - 奈奎斯特(Shannon - Nyquist)采样定理(Sampling Theorem,又称抽样定理或取样定理)的[1,2]。根据香农 - 奈奎斯特定理,信号从模拟信息"变为"数字信息需要经过高速均匀采样、变换编码和数据压缩等步骤,而在解码端通过解压缩和反变换恢复信号,其过程如图1.1所示。

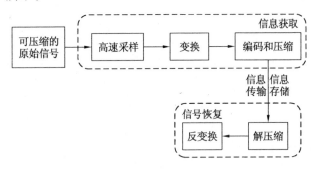

图1.1 一般的信号采样过程

香农 - 奈奎斯特采样定理是所有通信制式最基本的原理,给出了信道信息传送速率的上限(比特每秒)和信道信噪比及带宽的关系:为了保证重构的信号不失真,必须以不低于2倍信号最大带宽的速率进行采样。这样一来,香农 - 奈奎斯特采样定理就带来了一对固有矛盾:

（1）一方面,在许多应用中基于香农－奈奎斯特采样定理的信号采样成本非常昂贵或带有负面影响,甚至难以实现。如核磁共振(Nuclear Magnetic Resonance, NMR)[3-5]、X 射线断层扫描(X-ray Computerized Tomography Scanner, X-CT)[6,7]、微波通信技术(Microwave Communication)[8,9]、超宽带(Ultra Wide Band, UWB)信号处理[10]等技术。

（2）另一方面,依从香农－奈奎斯特采样定理所得到的采集数据冗余信息的比例非常大,不利于进一步的处理和存储,需要进行压缩,丢弃冗余的信息,这就造成极大的浪费。

随着我国政府对"互联网＋"工程和信息化进程的推进,大规模的数据采集设备被安装、部署,而人类活动产生的信息种类和信息量均快速增加,使得信号带宽和采样数据的规模也急剧增长。根据 Intel 公司的数据,中国一个一线城市每天的交通监控数据量已高达 6.7 PB;国家电网的智能电网系统每年采集的数据总量在 10 PB 以上;而一个中等城市个人或小商户保存下来的视频监控数据每年都有数百 PB。除此之外,随着技术的进步和人类探索未知领域脚步的加快,科学计算中的数据源也在产生着海量数据。例如,随着粒子物理实验规模的增大,在一次实验中仅入射粒子产生的数据量就可达 PB 级,而电子对撞后产生的数据量更是千倍、万倍于这个规模;天文学中,一次黑洞爆炸产生的数据量就超过了规模达数万台服务器的数据中心的存储能力。石油勘探、地震预测、人类基因与遗传工程等领域的研究中所产生的数据量也都超过了 PB 级的规模。据国际市场研究公司 IDC 的报告显示,2016 年全球数据储量达到了 16 ZB①,而全球有史以来所有印刷品的数据总量仅为 200 PB;并且全球数据总量到 2020 年将增至 40 ZB、2025 年将达 175 ZB,其中中国将占到份额的 20% ~25%[11,12]。

由于数据采集设备数量、信号带宽和采样数据规模的快速增

---

① 1 ZB = 103 EB = 106 PB = 109 TB = 1 012 GB。

加,利用传统采样方法对信号采样时所需的采样率和数据处理能力越来越高,而硬件性能的增长速度远远赶不上这个需求,以至于宽带信号的处理难度越来越大,在很多领域已经到了难以为继的程度,这就需要研究突破香农－奈奎斯特采样定理限制的新型采样方法。

2006 年,由 Donoho、Candès 和 Tao 等研究人员正式提出的压缩感知(Compressed Sensing,或 Compressive Sampling,或 Compressive Sensing, CS)理论[13-15]指明了降低信号采样速率的一个方向。基于稀疏表示理论[16]和泛函分析－逼近论[17]发展而来的压缩感知方法,可以以远低于传统采样定理的速率对信号进行采样,用少量的采样值表示全长的原始信号;且在需要时能够从这些少量的采样中精确重建全长的信号。以其减少采样数目的优点,压缩感知理论在出现之初就吸引了信号、通信、电子信息、统计理论、编解码理论和计算机等众多领域的研究热情[18],被认为是信息科学近年来最重大的研究成果,入选了 2007 年度美国"十大科技进展",而 Donoho 也因此获得了 2008 年度 IEEE IT 学会的"最佳论文奖"。

压缩感知能够很好地利用信号的稀疏性,通过矩阵变换把稀疏的高维原始信号投影到低维空间上,同时完成对信号的采样和对数据的压缩。也就是说,压缩感知方法能够在保证采样质量的前提下,在对信号进行采样的同时丢弃冗余信息,直接获取压缩后的采样数据,从而减少采集的数据量。在该框架之下,信号采样的频率不再像传统采样方法那样取决于信号带宽,而是取决于信号结构和内容。事实上,压缩感知方法并不要求信号一定是稀疏的,只要是可压缩的信号都可以利用该理论进行采样,对"可压缩"可以总结如下定义。

定义 1.1 如果一个信号总能找到一个稀疏表示域或稀疏变换基,使得该信号在稀疏表示域上的表示或基于稀疏变换基的变换系数是稀疏的,则称该信号是可压缩的(Compressible)。

从理论上讲,实际应用中的信号都是可压缩的,总能找到它的稀疏表示域或稀疏变换基(如傅里叶域/基、小波域/基等)并得到其稀疏表示系数。也就是说,现实中的大多数信号都可以基于压缩感知方法进行采样。

压缩感知信号重构,就是要从少量的采样中恢复全长的信号。压缩感知方法是通过求解数值优化问题完成信号重构的,它最终得到的是包含了原始信号的全部或大部分重要信息的近似估计。通常,只要满足了稀疏变换基和观测矩阵线性无关的前提条件,压缩感知方法就可以高概率的精确重构原始信号[19]。压缩感知方法对可压缩信号的处理过程如图 1.2 所示。

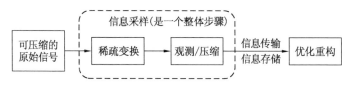

图 1.2 压缩感知方法的采样和重构过程

压缩感知理论的发展还面临着许多未知因素,不能预测最终能取得多大成果,但正如文献[20]所说的,它毕竟帮助人们跳出香农 - 奈奎斯特采样定理思考问题了。

1.2 研究意义

压缩感知是一种突破了香农 - 奈奎斯特采样定理的新型采样方法,已经显现出其低采样率的优势,越来越多的研究人员投入相关问题的研究,但仍然有很多难题等待解决。其中比较明显的是,压缩感知方法通过求解数值优化问题实现信号重构,从而使其算法具有较高的计算复杂度。例如,经典压缩感知算法基追踪(Basis Pursuit, BP)算法的计算复杂度高达 $O(N^3)$,当利用该算法重构长度为 8 192 的一维信号时,其等价求解计算规模为 8 192 × 262 144 的线性规划问题[21];即使收敛速度较快的另一种经典压缩感知算法——正交匹配追踪(Orthogonal Matching Pursuit, OMP)算法,计算规模也达到了 $O(NK^2)$ [22,23]。高计算复杂度的重构算法对压缩感知方法的应用带来了非常不利的影响。

降低重构操作的计算复杂度,加快算法的执行速度,可以缩短算法的运行时间,提高压缩感知方法的可用性,这就需要研究压缩感知算法的加速和快速收敛的新型压缩感知算法。当前,快速压缩感知算法都是以增加观测值数目或降低重构信号的精度来换取缩短重构时间的,其中增加观测值数目即代表着降低压缩比。算法的加速就是用更好或更多的计算资源加快算法的执行,它能够在不增加观测值数目且不降低重构精度的前提下提高算法重建的速度,而计算资源价格的不断下降和高性能计算资源的逐渐普及,为得到更好的加速效果奠定了基础。

为了加快信号的重构速度,提高压缩感知方法的可用性,以及扩展压缩感知方法的应用领域,本书将主要介绍作者对以下几个问题的研究和思考:

(1)压缩感知算法的并行化,即如何把信号的重构过程分解为多个可以同时执行的子任务,这是加速算法处理的前提条件。

(2)压缩感知算法的加速,即如何把算法迁移到可以利用更多、更好计算资源的环境中执行,以提高算法的执行速度。

(3)压缩感知算法的改进,即如何构造稳定、低计算复杂度的算法,以期能够在保持较低观测值数目和保证一定重构精度的前提下快速地重构信号。

(4)新的应用领域,即研究当前热门的物联网技术和监控系统,把压缩感知方法应用于其数据采集和处理中,以拓展压缩感知采样方法的应用范围。

本书中涉及的相关研究可以显著降低采集数据的规模,增强数据存取的实时性,提高数据处理的速度,有效地促进当前智慧城市、智能制造、"互联网+"等工程的实施。

1.3　压缩感知的理论框架

压缩感知方法利用稀疏变换空间描述信号并获得信号的稀疏

表示,可以用少量的采样值表示全长的信号;它突破了香农-奈奎斯特采样定理的要求,降低了信号的采样速率。压缩感知方法的信号重构是通过求解数值优化问题实现的。为了方便理论的说明,接下来首先给出以下几个定义和定理,然后介绍压缩感知的数学模型。

1.3.1 定义和定理

定义 1.2 如果信号 s 对于任意 $0 < p < 2$ 和 $R > 0$,满足

$$\| s \|_p \equiv \left(\sum_i | s_i |^p \right)^{1/p} \leqslant R \tag{1.1}$$

则称 s 是稀疏的[13,24,25]。式中,s_i 是信号 s 的元素。

定理 1.1 如果信号 $s:N \times 1$ 是稀疏的,那么 s 中至多存在 K($K \ll N$)个非零或远大于零的元素。

定义 1.3 如果信号 $s:N \times 1$ 中至多存在 K($K \ll N$)个非零或远大于零的元素,则信号 s 被称为是 K 稀疏的,且其中的数字 K 被称为是信号 s 的稀疏度。

从定义1.2、定义1.3和定理1.1可知,信号 s 是稀疏的意思是 s 只有少量非零或远大于零的元素。

定义 1.4 如果信号 $s:N \times 1$ 关于变换基 $\boldsymbol{\Psi}:N \times N$ 存在

$$s = \boldsymbol{\Psi}\boldsymbol{\theta} \tag{1.2}$$

其中,$\boldsymbol{\theta}:N \times 1$ 是稀疏的且仅有 K 个远大于零的元素,则称信号 s 在基框架 $\boldsymbol{\Psi}$ 上是稀疏的;$\boldsymbol{\theta}$ 被称为信号 s 在稀疏变换基 $\boldsymbol{\Psi}$ 上的稀疏表示系数;K 是信号 s 在稀疏变换基 $\boldsymbol{\Psi}$ 上的稀疏度[26]。

定义 1.5 如果对所有稀疏度为 K($K = 1,2,\cdots,n$)的信号 s、矩阵 C 都满足

$$(1 - \delta_K) \| s \|_2^2 \leqslant \| Cs \|_2^2 \leqslant (1 + \delta_K) \| s \|_2^2 \tag{1.3}$$

则称矩阵 C 具有有限等距性质(Restricted Isometry Property, RIP)[27,28]。式中,δ_K 称为 K 阶约束等距常数。

定理 1.2 如果矩阵 $A:M \times N$,$\boldsymbol{\Phi}:M \times N$,$\boldsymbol{\Psi}:N \times N$ 存在关系

$$A = \boldsymbol{\Phi}\boldsymbol{\Psi} \tag{1.4}$$

则 A 具有 RIP 性质与矩阵 $\boldsymbol{\Phi}$ 和 $\boldsymbol{\Psi}$ 不相干是等价的[15,27]。

定理 1.3 假设存在关于矩阵 $A:M \times N$ 和一维信号 $s:N \times 1$、

采样 $y:M \times 1$ 的 ℓ_0-范数优化问题

$$\min \| s \|_0 \quad \text{s.t.} \quad y = As \tag{1.5}$$

如果矩阵 A 具有 RIP 性质,则 s 可由如下 ℓ_1-范数最小值优化问题高概率的精确或近似解出[14, 21]:

$$\min \| s \|_1 \quad \text{s.t.} \quad y = As \tag{1.6}$$

1.3.2 压缩感知的数学模型[29-31]

首先,假设待采样的原始信号是一个一维线性可压缩信号 $s:N \times 1$,这里的 s 不必要求是稀疏的。在压缩感知理论中,信号的采样是通过向特别设计的观测矩阵 $\boldsymbol{\Phi}:M \times N$ 上投影实现的,其中 $M \ll N$。压缩感知方法的这个投影过程可记为

$$y = \boldsymbol{\Phi} s \tag{1.7}$$

其中,$y:M \times 1$ 就是原始信号 s 的采样数据,它是 s 的压缩表示形式,并且这里 s 的长度 N 与采样数据 y 的长度 M 之比 $N:M$ 就是信号 s 在压缩感知框架下采样的压缩比。

根据原始信号 s 可压缩的假设和稀疏表示理论,一定存在某组稀疏变换基 $\boldsymbol{\Psi}:N \times N$,使得信号 s 在变换基 $\boldsymbol{\Psi}$ 上的表示是稀疏的,即满足式 (1.2),式中的 $\boldsymbol{\theta}:N \times 1$ 是信号 s 关于变换基 $\boldsymbol{\Psi}$ 的稀疏表示系数。

将式 (1.2) 和式 (1.7) 结合起来,就有

$$y = \boldsymbol{\Phi}(\boldsymbol{\Psi}\boldsymbol{\theta}) = \boldsymbol{\Phi}\boldsymbol{\Psi}\boldsymbol{\theta} = A^{CS}\boldsymbol{\theta} \tag{1.8}$$

式 (1.8) 就是压缩感知方法中对信号的采样和压缩过程,它把对信号 s 的采样转化为对稀疏系数 $\boldsymbol{\theta}$ 的采样,其中矩阵 $A^{CS} = \boldsymbol{\Phi}\boldsymbol{\Psi}$ 被称作信息算子或感知矩阵,且观测矩阵 $\boldsymbol{\Phi}$ 和变换基 $\boldsymbol{\Psi}$ 最大程度地线性无关,这在观测矩阵 $\boldsymbol{\Phi}$ 设计时得以保证。

事实上,对信号的稀疏表示和对信号的观测采样是一个整体过程(见图 1.2),而这个利用压缩感知方法对信号观测或采样的原理就可以理解为如图 1.3 所描述的过程。

综上所述,压缩感知理论框架下的信号采样过程,就是将稀疏变换基 $\boldsymbol{\Psi}$ 和观测矩阵 $\boldsymbol{\Phi}$ 组合为矩阵 A^{CS},利用 A^{CS} 把 $N \times 1$ 信号 s 直接变换为 $M \times 1$ 的观测集合 y,从而同时实现采样和压缩。

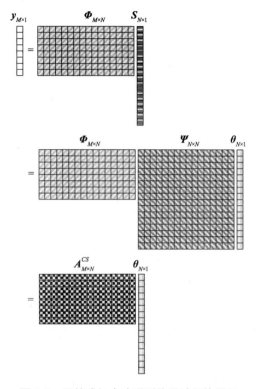

图 1.3　压缩感知方法观测信号过程的原理

信号的重构就是首先从式（1.8）中求解信号 s 的表示系数 $\boldsymbol{\theta}$ 精确或近似解，再从式（1.2）中求解原始信号 s。显然，式（1.8）是一个欠定方程，没办法直接求解。但根据压缩感知理论，式（1.8）可以通过求解如下 ℓ_0-范数最优化问题

$$\min \|\boldsymbol{\theta}\|_0 \quad \text{s.t.} \quad \boldsymbol{Y} = \boldsymbol{A}^{CS}\boldsymbol{\theta} \qquad (1.9)$$

来获得 $\boldsymbol{\theta}$ 的最优近似逼近解；其中 $\|\boldsymbol{\theta}\|_0$ 表示 $\boldsymbol{\theta}$ 中非零元素的个数。然而，式（1.9）是一个 NP 难（non-deterministic polynomial-time hard，NP-hard）的问题，仍然无法求解；根据定理 1.2 和定理 1.3，当矩阵 $\boldsymbol{\Psi}$ 和 $\boldsymbol{\Phi}$ 线性无关时，可以把式（1.9）所示的 ℓ_0-范数优化问题转化为式（1.10）所示稀疏约束的 ℓ_1-范数优化问题求解：

$$\min \| \boldsymbol{\theta} \|_1 \quad \text{s. t.} \quad Y = A^{CS}\boldsymbol{\theta} \tag{1.10}$$

式 (1.10) 可以很容易地转化为线性规划问题求解，而矩阵 $\boldsymbol{\Psi}$ 和 $\boldsymbol{\Phi}$ 的线性无关性可以在观测矩阵设计时得到保证。

压缩感知方法的信号处理流程如图 1.4 所示。

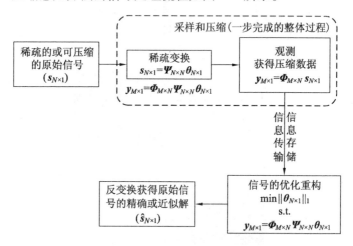

图 1.4　压缩感知理论框架

从图 1.4 所示的压缩感知框架可知，对于高维可压缩的原始信号 s（不必是稀疏的），压缩感知方法首先利用稀疏变换将其转化为等价的稀疏信号，即得到原始信号的稀疏表示系数 $\boldsymbol{\theta}$；然后通过一个特别构造的感知矩阵 $A^{CS} = \boldsymbol{\Phi}\boldsymbol{\Psi}$，对等价的稀疏信号进行感知得到压缩的采样数据 y。当需要重构信号时，通过求解优化问题得到原始信号的稀疏表示系数的近似解 $\hat{\boldsymbol{\theta}}$，然后恢复全长的信号 $\hat{s}$。

1.4　压缩感知算法及其重构

信号的重构是压缩感知理论的核心，需要通过求解数值优化问题实现，而根据重构时所采用的优化方法的不同，可以把压缩感知算法分成不同的种类[30, 32, 33]。

（1）凸松弛法。可以在严格条件下将重构操作转化为凸优化问题，然后利用线性规划方法重构信号，其特点是观测值数目少、计算复杂度高。凸松弛类压缩感知方法有 BP、梯度投影（Gradient Projection for Sparse Reconstruction, GPSR）[34]、迭代阈值（Iterative Thresholding, IT）[35] 等算法。

（2）贪婪算法。这类算法都是迭代的，可以通过在每次迭代时选择的局部最优解不断逼近原始信号，其特点是收敛速度快，计算复杂度相对较低。匹配追踪（Matching Pursuit, MP）及其改进算法都属于贪婪类算法，如 OMP 算法、树形正交匹配追踪（Tree-Based OMP, TOMP）[36]、分级正交匹配追踪（Stagewise OMP, StOMP）[37]、正则正交匹配追踪（Regularized OMP, ROMP）[38]、子空间追踪（Subspace pursuit, SP）[39] 等。

（3）组合算法。通过分组测试实现原始信号的快速重构，对特别稀疏的信号重构能力较强，但会随着信号稀疏度的减少效果越来越差。链式追踪（Chain Pursuit）[40]、傅里叶表示（Fourier representations）[41]、HHSP 追踪（Heavy Hitters on Steroids Pursuit）[42] 等都是比较优秀的组合类算法。

在本书的研究和实现中主要是基于经典压缩感知算法——OMP 算法和 BP 算法及其改进算法的，下面将详细介绍这两种算法。

1.4.1　OMP 算法

正交匹配追踪算法 OMP 是一种贪婪算法，通过求解最小二乘优化方法实现信号重构。OMP 算法是 MP 的改进，通过对投影空间的正交化获得更快的收敛速度；其优点是计算复杂度较低、迭代次数较少、执行速度较快，而且易于实现，是实际应用中使用较多的压缩感知算法。OMP 算法的流程如图 1.5 所示，其中 K 是原始信号（当信号本身是稀疏的时）或稀疏变换系数的稀疏度，但通常 K 无法准确得到，实际应用中经常用迭代过程中重构信号的误差或观测值来衡量迭代结束条件。

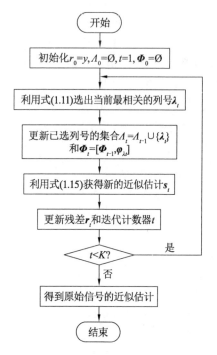

图 1.5   OMP 算法流程图

OMP 算法的主要思想[22,23]：在第 t 次迭代时，首先通过求解式（1.11）得到 $\boldsymbol{\Phi}$ 中原子与当前残差 $\boldsymbol{r}_{t-1}$ 最大相关的第 $\boldsymbol{\lambda}_t$ 列，即

$$\lambda_t = \max_{i=1,2,3,\cdots,N} |<\boldsymbol{r}_{t-1},\boldsymbol{\varphi}_i>| \qquad (1.11)$$

这里，观测矩阵 $\boldsymbol{\Phi}$ 中的各列通常被称为原子。式（1.11）中 $\boldsymbol{\varphi}_i$ 是矩阵 $\boldsymbol{\Phi}$ 的第 i 列，并称其第 $\boldsymbol{\lambda}_t$ 列为原子 $\boldsymbol{\varphi}_{\lambda t}$；$\boldsymbol{r}_{t-1}$ 是第 $t-1$ 次迭代时更新后的残差，它可通过计算式（1.12）得到：

$$\boldsymbol{r}_{t-1} = \boldsymbol{Y} - \boldsymbol{\Phi}_{t-1}\boldsymbol{s}_{t-1} \qquad (1.12)$$

式中，$\boldsymbol{s}_{t-1}$ 是第 $t-1$ 次迭代时的近似逼近。

然后，把列 $\boldsymbol{\varphi}_{\lambda t}$ 并入矩阵 $\boldsymbol{\Phi}_{t-1}$，得到

$$\boldsymbol{\Phi}_t = [\boldsymbol{\Phi}_{t-1},\boldsymbol{\varphi}_{\lambda t}] \qquad (1.13)$$

其中,

$$\boldsymbol{\Phi}_{t-1} = [\boldsymbol{\varphi}_{\lambda 1}, \boldsymbol{\varphi}_{\lambda 2}, \cdots, \boldsymbol{\varphi}_{\lambda t-1}] \qquad (1.14)$$

是前 $t-1$ 次迭代中选出的 $t-1$ 个最大相关原子构成的矩阵。

接着,利用矩阵 $\boldsymbol{\Phi}_t$ 计算新的估计信号,即

$$s_t = \min_s \| \boldsymbol{\Phi}_t \boldsymbol{s} - \boldsymbol{y} \|_2 \qquad (1.15)$$

最后,利用式(1.16)计算新的残差并再次迭代,直到满足退出条件。

$$\boldsymbol{r}_t = \boldsymbol{y} - \boldsymbol{\Phi}_t \boldsymbol{s}_t \qquad (1.16)$$

1.4.2 BP 算法

BP 算法是基于 ℓ_1-范数优化的凸松弛算法,依据压缩感知理论架构将式(1.9)所示的 ℓ_0-范数最优化问题转化式(1.10)所示的 ℓ_1-范数最优化问题,然后利用线性规划(linear program,LP)方法求解。

事实上,BP 算法是一种原则,是利用线性规划方法[21]简化 ℓ_1-范数优化求解的原则。线性规划的形式是式(1.17)所示的变量 $\boldsymbol{x}:N \times 1$ 形式定义的约束优化。

$$\min \boldsymbol{c}^{\mathrm{T}}\boldsymbol{x} \quad \text{s.t.} \quad \boldsymbol{Ax} = \boldsymbol{b}, \boldsymbol{x} \geqslant 0 \qquad (1.17)$$

式中,$\boldsymbol{c}^{\mathrm{T}}\boldsymbol{x}$ 是目标函数;$\boldsymbol{Ax} = \boldsymbol{b}, \boldsymbol{x} \geqslant 0$ 是等式约束集合及限制条件。式(1.10)转化为式(1.17)的简化翻译过程为[21]

$$\begin{aligned}
M &\Leftrightarrow 2p \\
\boldsymbol{A} &\Leftrightarrow (\boldsymbol{A}^{CS}, -\boldsymbol{A}^{CS}) \\
\boldsymbol{b} &\Leftrightarrow \boldsymbol{Y} \\
\boldsymbol{c} &\Leftrightarrow (1;1) \\
\boldsymbol{x} &\Leftrightarrow (u;v) \\
\boldsymbol{\theta} &\Leftrightarrow u - v
\end{aligned} \qquad (1.18)$$

在压缩感知理论框架上,利用 BP 算法重构信号,需要解决如下线性规划方法到 BP 方法的表示问题[21]:

(1)将线性规划算法表示为 BP 算法。这里设定 $\theta^{(k)}$ 为算法执行过程中的第 k 次迭代时近似变换系数。表示过程如下:

首先利用某个非零的系数 $\boldsymbol{\theta}^{(0)}$ 初始化式（1.8）为

$$y = \boldsymbol{A}^{CS}\boldsymbol{\theta}^{(0)} \tag{1.19}$$

然后在每一次迭代中不断修改 $\boldsymbol{\theta}^{(k)}$（稀疏的），使

$$y = \boldsymbol{A}^{CS}\boldsymbol{\theta}^{(k)} \tag{1.20}$$

成立。在迭代过程中某些迭代使系数向量 $\boldsymbol{\theta}$ 包含一些远远大于零的元素，即使得对应于出现在最终结果的原子显现出来；这时，令其他元素全部为零并将这些原子分解出来，从而逐步获得变换系数的近似值。

（2）将线性规划的结果转化为 BP 的结果，其方法就是利用式（1.21）分解线性规划的结果。

$$y = \sum_{i=1}^{M} \theta_{\gamma i}^{*} \phi_{\gamma i} \tag{1.21}$$

在一般情况下，集合 γi 不是预先已知的而是取决于问题的数据，所以波形 $\phi_{\gamma i}$ 的选择是自适应的。

BP 算法的计算复杂度高达 $O(N^3)$，一般只是在实验中常用。

1.4.3　信号的重构

信号的重构就是用优化方法恢复全长的信号。压缩感知理论是面向一维信号的，本小节将利用 OMP 和 BP 算法重构随机产生的一维信号，查看重构信号与原始信号的对比、重构时间和重构误差等。注意，这里为了简化计算，直接生成了稀疏的随机一维信号，省了系数变换的过程。测试中所使用的计算平台硬件平台参数为 Intel 双核 CPU 2.4 GHz、内存 4 GB、软件环境为 Windows 7 和 Matlab R2014b。

图 1.6a 至图 1.6d 分别给出了 OMP 和 BP 算法重构长度为 32×1、64×1、128×1 和 256×1 的随机一维信号时的效果对比。

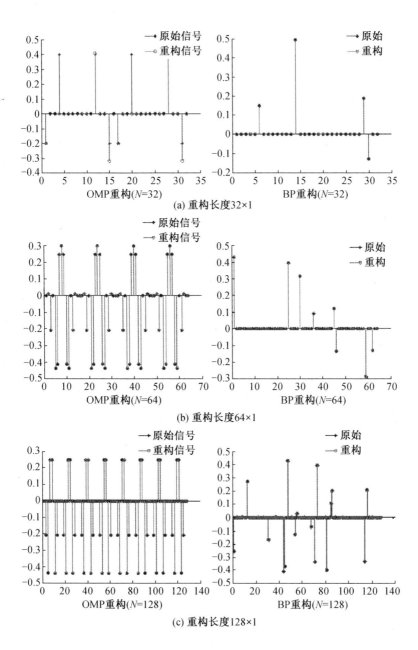

(a) 重构长度32×1

(b) 重构长度64×1

(c) 重构长度128×1

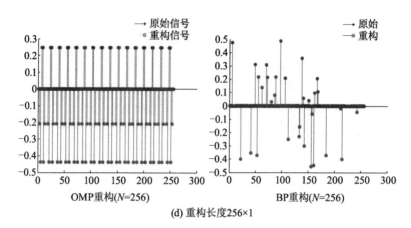

(d) 重构长度256×1

图1.6　OMP 和 BP 算法重构不同长度信号时的重构效果对比

从图 1.6 中的 4 个对比可以看出,BP 算法的信号重构效果一直比较稳定,而 OMP 算法在重构 32×1 的小信号时效果较差(其实 BP 算法重构 32×1 的信号时误差也比较大),当信号长度在 64×1 及其以上时,两种算法的重构效果都比较好。

表 1.1 给出了 OMP 和 BP 算法重构不同长度的随机一维信号时的算法执行时间和重构信号误差的实际数值对比,其中列出的数值都是对每一个长度的随机信号运行 100 次重构算法并计算得到的平均值。其中的误差用均方差(Mean Squared Error, MSE)来衡量,记作

$$MSE = \sqrt{\frac{\sum_{i=1}^{n}(\hat{s}_i - s_i)^2}{n}} \qquad (1.22)$$

式中,$\hat{s}_i$ 是重构信号的第 i 个分量;s_i 是原始信号的第 i 个分量;n 为信号的长度。在利用 BP 和 OMP 算法重构信号时,用于控制迭代次数的是 MSE(1e−15)和最大迭代次数(与稀疏度有关)。

根据表 1.1 中 OMP 算法的重构结果,当信号长度为 32 时,重构信号的 MSE 较大,这是因为 OMP 算法在处理较小的信号时精度不高造成的;当信号长度在 64 或以上时,重构信号的 MSE 开始变得稳定并且误差值较小;随着信号长度的增加,算法重构时间不断

增加,且增速远远大于信号长度的增速,尤其是当信号长度超过 1 024 时,信号长度每增加 1 倍,重构时间增加 8 ~ 10 倍。根据表 1.1 中 BP 算法的重构结果,BP 算法的 MSE 除信号长度为 32 时稍 大外,其余都比较稳定;BP 算法的重构时间变换趋势与 OMP 算法 基本相同,只有长度从 32 变化到 64 时不符合,这主要是时间较短 时其变化不稳定造成的。表 1.1 中给出的结果说明,在保证信号 重构精度的前提下,压缩感知算法重构较长的信号所需要的代价 非常高,而且这个代价以远大于信号增长的幅度快速增加,所以对 较长的信号可以采用分段重构等手段降低计算复杂度。综合起来 考虑,重构相同长度的信号,BP 算法的执行时间远远大于 OMP 算 法,尤其是当信号长度增加到 4 096 时,BP 算法在上述个人计算机 上已经无法完成重构操作(内存溢出)。

表 1.1 信号的重构时间和 MSE

信号长度	OMP 算法		BP 算法	
	重构时间/s	MSE	重构时间/s	MSE
32 × 1	0.001 6	0.120 2	0.099 5	2.596 7e − 009
64 × 1	0.005 7	7.016 5e − 016	0.089 6	5.824 6e − 016
128 × 1	0.025 3	1.453 0e − 015	0.266 9	3.348 7e − 016
256 × 1	0.198 7	3.686 7e − 015	0.881 9	3.319 2e − 015
512 × 1	0.892 0	7.898 2e − 015	5.417 1	1.376 6e − 015
1 024 × 1	4.953 3	1.412 1e − 014	40.861	5.477 1e − 015
2 048 × 1	40.543	2.411 6e − 014	351.64	3.144 1e − 014
4 096 × 1	364.56	4.406 8e − 014	——	——

从上述对比可知,一般情况下,当 BP 算法有效时,通常 OMP 算法也会有效;而 OMP 算法的重构时间却比 BP 算法要小得多,所 以实际应用中 OMP 算法比 BP 算法更为常见。

1.5 压缩感知研究现状

1.5.1 国外研究进展

目前,压缩感知的理论和应用研究已如火如荼地展开,普林斯顿大学、莱斯大学、斯坦福大学、麻省理工学院、杜克大学等都成立了专门的课题组对其进行研究,Intel、Bell 实验室、Google 等公司及美国国防先期研究计划署(DARPA)和美国国家地理空间情报局(NGA)等政府部门也开始组织团队进行研究。

压缩感知的理论研究主要集中在信号的稀疏表示、观测矩阵的设计和快速稳定压缩感知算法的构建三个方面。信号的稀疏表示及观测矩阵的设计研究主要是为了提高信号表示的稀疏度、重构信号的精度和信号精确重构的概率。Candès 等证明了小波变换、傅里叶变换等常用变换都可以获得足够稀疏的变换系数[43];Peyré 提出以正交基字典取代稀疏变换基,提高了信号稀疏变换的自适应性[44];而基于冗余字典的稀疏变换使稀疏基更进一步符合信号的结构特征[45,46],可以经过不断训练和学习的字典学习是基于冗余字典的自适应字典[47,48];Rawat 和 Boyer 等将稀疏变换推向了结构化研究方向[49,50]。Candès、Donoho 和 Tsaig 等的研究成果指出大部分一致分布的随机矩阵都可以作为测量矩阵[29];Baraniuk、Candès 等先后证明以随机高斯矩阵和随机 ±1 的 Rademacher 矩阵都可以较高的概率稳定地重建信号[29,43],而 Candès 在 2011 年证明了随机高斯矩阵可成为普适压缩感知测量矩阵[46];为了进一步提高测量矩阵的性能,一些学者提出了相关系数优化、自适应矩阵优化、基于 QR 分解的矩阵优化等测量矩阵的优化方法和结构化测量矩阵[49-51]。

快速稳定压缩感知算法的设计一直都是压缩感知理论研究中非常重要的研究课题。Donoho 教授最早把 BP 算法应用于压缩感知的信号重构;MP、OMP 等经典算法被引入压缩感知的信号重构,有效降低了算法的计算复杂度;支持分组测试的组合类算法对较稀疏的信号效果良好。这些研究逐步形成压缩感知算法的三大类别。近年来,随着研究的深入,新的压缩感知方法和改进算法的研究成果一直层出不穷。为了更进一步提高信号的重构速度,Donoho 提出了 StOMP 算法,Kim 和 Needell 提出了 ROMP 算法并应用于压缩感知的信号重构;Baron、Hannak 和 Palangi 等提出和发展了分布式压缩感知(Distributed Compressive Sensing),将压缩感知理论推向了多通道采样[52-54];Babacan、Hawes 和 Gottardi 等研究了 Bayesian 压缩感知的相关理论及应用[55-57];结构压缩感知是一种将信号本身及数据采集设备的先验信息与压缩感知相结合的理论框架,可以对更广泛类型的信号准确重建,Duarte、Eldar、Hegde 和 Boyer 等都是该领域研究的佼佼者[58,59]。此外,可以充分利用信号边缘信息的边缘压缩感知[60,61]、对采样值进行极限量化的 1 - bit 压缩感知[62,63]、通过构造 Kronecker 积矩阵把多维信号转化为一维信号处理的 Kronecker 压缩感知[64,65] 等理论都是非常优秀的压缩感知研究成果。

　　压缩感知方法的应用研究也已展开,并取得了可喜的进展。2009 年美国国防先期研究计划署和国家地理空间情报局组织专家研究了压缩感知方法在信号处理、微波遥感等领域的应用;2011 年杜克大学召开了压缩感知在高维数据分析中应用的研讨会。英美学者 Edgar、Satat、Takhar 和 Baraniuk 等分别研制成功了基于压缩感知的单像素相机和 A/I 转换器[66-68];Lustig 等研究了压缩感知在核磁共振成像方面的应用[69-71];Eldar、Paredes 等提出了压缩感知在超带宽信号处理的应用成果[72,73];Laska 等将压缩感知采样方法从离散信号采样扩展到模拟 - 信息转换(Analog-to-Information Converter,AIC)[74,75];Iliadis 等研究了压缩感知在视频网络中的应用[76];一些研究人员提出并研究了压缩感知在雷达成像、医学、摄影、语音处理、人脸识别、无线传感网络、超频谱图像分析等方面的应用。

1.5.2 国内研究进展

国内的学者也很早就开始了压缩感知理论研究,取得了一系列的研究成果。西安电子科技大学的石光明教授在 2008 年发表了我国第一篇关于压缩感知的科研论文,阐述了基于压缩感知的超带宽回波信号的超低速采样[77]。在此之后,西安电子科技大学的刘芳、焦李成、石光明等提出了结构化的压缩感知和低冗余的压缩感知[78,79],香港大学的 Junjie Ma 研究了基于傅里叶感知矩阵的压缩感知算法[80],湖南大学的罗孟儒等提出了自适应小波包压缩感知[81],北京交通大学的刘亚新、赵瑞珍等提出了正则化自适应匹配追踪算法[82],哈尔滨工业大学的付宁等提出了基于子空间的压缩感知[83]。国内学者还在小波变换基、观测矩阵优化、傅里叶压缩感知、贝叶斯压缩感知、结构化压缩感知等方面的研究中取得了一系列成果[84-88]。

在压缩感知应用研究中,西安电子科技大学的焦李成、石光明等团队研究了压缩感知在图像处理中的应用[89],南京邮电大学的王汝传团队研究压缩感知在无线传感网路由选择中的应用[90],中科院电子所的方广有、洪文、王岩飞,西安电子科技大学的王俊、南京理工大学的朱晓华、电子科技大学的皮亦鸣等多个团队研究了压缩感知在雷达成像中的应用[91-93]。除此之外,压缩感知还在遥感图像处理、物联网宽带采样、超光谱成像、超带宽信道处理及信号去噪等方面得到了应用[94-98]。

1.5.3 存在问题及本书中的解决方案

上述的压缩感知理论和应用研究中,通常信号重构精度的提高是以增加观测值数目(降低压缩比)实现的,而提高重构速度又是以降低信号的重构精度实现的;并且这些压缩感知算法都没有改变算法重构时间随信号大小的增加而以远高于信号大小增长速率的增幅快速增加的特征。在压缩感知理论研究方面,本书从通用性的角度出发研究了最基本、最常用的压缩感知算法及其采用的数值优化方法,提出并实现了基于正交匹配追踪的最小二乘优化方法、适用于二维信号的快速压缩感知算法 BFOMP(Block Fast OMP);BFOMP 降低了正交匹配追踪优化方法的计算复杂度,改变了一般压缩感知算法的重构时间随信号规模增加超高速增长的趋势,实现了重构时间与信号规模线性增加。在压缩感知引用研究中,本书研究并验证了压缩感知方法在物联网和无线传感网数据采集和信息编码中的应用,并在某市新区智能城管系统和某农民资金互助系统中进行了一定范围的试验验证。

总体来说,由于压缩感知算法大都包含有循环迭代运算的特点,多数信号快速重构研究的着眼点在于压缩感知基本理论和降低压缩感知算法的计算复杂度之上,而没有考虑当前技术的进步和硬件资源的逐渐丰富对压缩感知方法的影响。2011 年起,关于压缩感知算法加速的研究逐渐展开,基于通用计算 GPU(General Purpose GPU,GPGPU)和云计算(Cloud Computing)的压缩感知算法是非常热门的研究。本书在压缩感知算法的并行化、多/多核 CPU 加速和 GPU 加速方面也进行了深入研究,实现了 BP、OMP 等常用算法的并行化、多/多核 CPU 并行加速和 CPU-GPU 异构并行加速。紧跟新技术发展的脚步,本书还研究了云计算技术及云资源的管理和调度优化,提出并实现了基于 OpenStack 的压缩感知算法加速平台 Briareus,可以方便地利用云端资源实现 Python 应用的加速。

1.6　主要研究内容

本书研究压缩感知采样方法及其应用,针对算法的执行时间长、计算复杂度高的问题,研究了算法的并行化问题和基于多核技术、云技术的加速方法,同时也研究了降低计算复杂度、提高重构时间可预估性的快速压缩感知算法,最后讨论了压缩感知方法的一个新的应用环境——物联网,主要研究内容和贡献如图 1.7 所示,具体表现在以下方面:

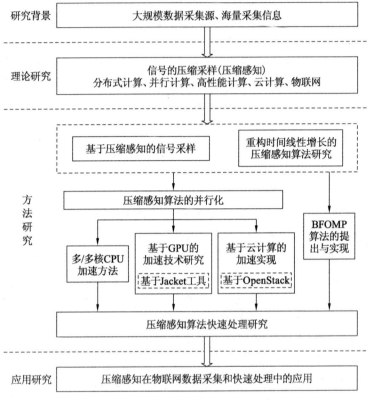

图 1.7　本书的主要研究内容及研究方案

（1）研究压缩感知算法及其并行化，提出并实现基于多核的算法加速方法。一般来说，算法加速就是利用性能更好或数量更多的计算资源执行算法，以获得更快的执行速度。并行计算是算法加速的基础，通过将整个计算任务分成多个独立的、互不影响的子任务，各子任务同时向前推进，从而获得较快的执行速度。本书中首先研究了压缩感知算法的并行化和 map 函数对复杂操作的并行化支持，提出并实现了利用多核（CPU 和 GPU）并行加速常用压缩感知算法。

（2）研究当前最热门的云计算技术，设计并实现了基于 Open-Stack 的压缩感知算法云加速方案。云加速方案是基于 Python 语言实现并面向 Python 程序的,通过重新设计并实现的序列化方法和复杂操作的并行化方法,可以方便地利用云资源加速 Python 语言实现的算法。

(3)研究流行的压缩感知算法,提出了分块快速正交匹配追踪(Block Fast Orthogonal Matching Pursuit, BFOMP)算法。压缩感知算法的计算复杂度一般都比较高,算法的加速虽然可以提高算法的执行速度、缩短重构时间,但不能改变算法的执行时间随信号的增大而高速增长的趋势。在深入研究 OMP 算法的理论、流程后,基于新定义的整体相关性测量参数和重新设计的分快重构理论,本书提出了面向二维信号的 BFOMP 算法。BFOMP 算法能够大幅度降低重构二维信号的计算复杂度和计算规模,增强重构时间的可预测性,提高了压缩感知方法的可用性。

(4)研究压缩感知理论在物联网中的应用,讨论引入压缩感知传感器后对物联网的影响,提出基于物联网资源多样性的算法混合加速方案。随着物联网规模扩展,接入网络的"物理实体"越来越多、采集的信息量大幅度增加。本书提出在物联网中引入压缩感知采样方法,以期从源头降低物联网的数据规模,讨论了压缩感知传感器和传统传感器的共存,设计了基于云技术和物联网资源多样性的算法加速方案。

1.7　本书结构安排

本书围绕压缩感知方法及其应用展开研究,针对压缩感知算法的高计算复杂度问题,研究并实现了算法的并行化和加速方法,提出了一种快速压缩感知算法,设计了压缩感知方法在物联网中的应用及基于物联网资源的混合加速方案,取得了一定的研究成果。本书的结构安排如图 1.8 所示。

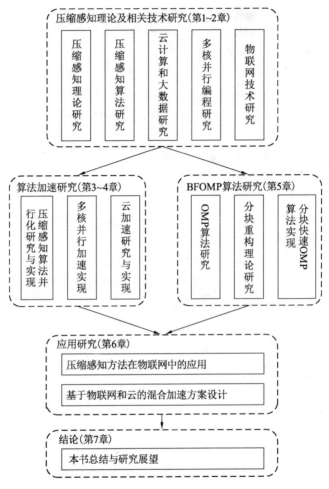

图 1.8 本书组织结构

第 1 章,绪论。本章首先介绍了传统采样方法的不足和压缩感知方法的诞生,接着提出了本书将要研究的问题及研究意义,然后描述了压缩感知的理论框架及国内外研究进展,最后给出了本书中的主要研究内容、主要贡献和组织结构等。

第 2 章,相关技术基础。本章主要介绍了在本书的压缩感知算法加速及应用研究过程中所涉及的相关技术,即并行计算技术、云计算和大数据技术和物联网技术等,并对这些技术在压缩感知方法研究中的使用情况进行了简要描述。

第 3 章,并行压缩感知算法及多核加速研究。算法的并行化设计是算法加速的前提条件,本章提出了针对二维信号的压缩感知算法并行化设计方法,实现了基于多核(包括 CPU 和 GPU 两种架构)的并行加速计算模式,给出了实验结果和分析。

第 4 章,压缩感知算法的云加速研究。云计算是当前最热门的加速框架,本章首先介绍了服务于 IaaS 层的 OpenStack 云计算架构,接着在 OpenStack 的基础上设计并实现了压缩感知算法的通用云加速方案。该方案基于 Python 语言实现并面向 Python 语言程序,利用重写的 pmap 函数和循环的转换实现算法的并行化、利用 Husky 模块增强了序列化的能力,实现了复杂对象的序列化和函数自动迁移。最后,利用 OMP 算法验证了云加速方案的性能,并给出了验证结果。

第 5 章,分块快速 OMP 算法 BFOMP 的设计与实现。算法的加速可以提高算法的速度,但不能改变重构时间随信号规模的增加高速增长的趋势,而且信号的重构时间也是不可估计的。本章在研究经典 OMP 算法的基础上,提出了面向二维信号的 BFOMP 算法。BFOMP 算法直接针对整个二维信号的整体重构,以对二维残差相关度的测量代替对一维残差相关度的测量,减少了重构操作的迭代次数、降低了算法计算复杂度;而引入分块重构思想并重新设计的分块大小和观测矩阵,使重构时间随信号规模增加高速增长的趋势改变为随信号规模增加线性增长,从而重构时间具备了一定的可估计性,增强了对算法运行速度的控制。

第 6 章,物联网中压缩感知方法的应用研究。本章首先提出把压缩感知方法引入海量物联网数据的采集、传输和处理,并讨论了传统传感器与压缩感知传感器的共存问题;然后针对物联网中计算资源的多样性,提出了在物联网中建立基于云的混合加速架构、设计了计算资源的调度流程,并给出了混合加速架构的物联网数据处理示例;最后,给出了接下来压缩感知物联网应用研究的新思路。

第 7 章,总结与展望。对全书的研究工作作出总结,阐述了所取得成果的可用性和创新型,并对接下来可继续的研究与应用作出展望。

第2章　相关技术基础

压缩感知方法可以用少量的采样值表示全长的原始信号,显著降低采样数据的规模,是突破了香浓－奈奎斯特采样定理的新型采样方法,其最大的问题就是算法计算复杂度高、重构操作的执行时间较长,而算法加速是解决这个问题的方法之一。算法加速通常是利用更多更好的计算资源执行算法,以获得更快的执行速度,而并行化是算法加速的基础。当前压缩感知在医学成像、低采样率相机、雷达数据采样中应用较为广泛,但在发展迅速的物联网数据采集中还没有被充分重视。

本章主要介绍了压缩感知算法加速和在物联网应用所涉及的相关技术,包括并行处理、CPU 和 GPU 多核处理、云计算和大数据处理及物联网技术等,并给出了这些技术在本书的压缩感知研究中的使用概述。

2.1　并行处理及多核技术

算法的加速已经是当前提高算法执行速度的主要手段之一。近年来,处理器计算核心的频率增长非常有限,已长时间没有较为显著的技术突破,多核、众核处理器等利用线程级并行继续提升片上计算能力的方法已成为硬件发展的唯一道路。可以说,多核的并行处理已经成为计算模式的主流,研究算法的加速,就必须实现算法的并行化。

2.1.1　并行计算

并行计算(Parallel Computing)或称并行处理、平行计算,是一种可以利用多个相互协同的计算资源把两个或两个以上的进程同时向前推进的计算模式,它可以并发地执行各个计算任务,从而达到扩大求解规模、提高计算速度、快速解决大型复杂计算问题的目的[99],图 2.1 即为并行计算的一般模型。

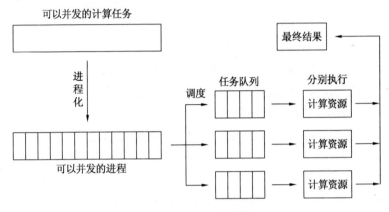

图 2.1　并行计算模型

并行计算的基本思想是面对一个规模巨大的应用需求,首先把它划分为多个可以并发的子任务,然后利用多个计算资源共同处理这些子任务,即把子任务分配给各个计算资源分别执行,每一个计算资源独立承担某些子任务,最后组合各子任务的执行结果,从而快速地获取该应用问题的解答。一个复杂计算问题的并行编程过程如图 2.2 所示[100]。

通常,并行计算应具备以下 3 个基本条件[101]:

(1) 计算资源应包含两个或两个以上的计算资源,并且这些计算资源是互联在一起的,能够相互连接、相互通信、协同工作。

(2) 应用需求可以并行化,即将要被处理的应用可以分解为多个子任务,且这些子任务能够并发地执行而不会相互影响。

(3) 具备并行计算环境,即拥有能够编制并执行并行程序的平台,能够具体实现并行算法、编制并行程序、并运行程序代码。

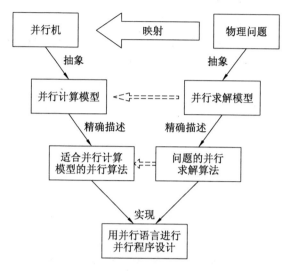

图 2.2　一个复杂问题的并行求解过程

　　在并行计算中,大型求解问题的分解是需要考虑的关键问题,通常的分解方法包括时间上的并行和空间上的并行,其中时间上的并行即流水线技术、空间上的并行即使用多个计算资源并发执行计算问题,而空间上并行是绝大多数计算问题的并行解决方案[101]。通常,作为一个国家综合科研实力体现的高性能计算或称超级计算,也被认为是并行计算,因为它的实现离不开并行化的支持[102]。

2.1.2　多核处理

　　目前,并行计算模式已经是一种非常流行的计算结构,其主要形式是多核并行处理。一般地,计算机中的处理器主要是CPU 和 GPU(Graphic Processing Unit,图形处理器),它们对应的多核编程方式分别为 CPU 多核程序设计和 GPU 多核程序设计两种。

　　多核 CPU 并行编程的概念来源于 20 世纪 90 年代提出的单芯片多核处理器(Chip multiprocessors, CMP),其技术已经非常成熟[103]。通用计算 GPU（General Purpose GPU，GPGPU）编程的概念始于 2004 年，它把图形处理器引入科学计算领域，充分利用了图形处理器核心众多的优势，以带来更好的算法执行速度。图 2.3 给出了中央处理器 CPU 和图形处理器 GPU 内部结构图，其中：

（1）DRAM，即动态随机存取存储器，是常见的系统内存。

（2）Cache 存储器，用作高速缓冲存储器，是位于 CPU 和主存储器 DRAM 之间，规模较小，但速度很高的存储器。

（3）算术逻辑单元 ALU，是能实现多组算术运算和逻辑运算的组合逻辑电路。

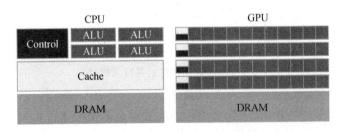

图 2.3　CPU 和 GPU 内部结构对比

当然，图 2.3 给出的只是一个简化的结构图，实际的 GPU 内部结构更为复杂，如发布于 2010 年的第一个完整的 GPU 计算架构费米（Fermi，如图 2.4 所示）就拥有 512 个计算核心①，这 512 个计算核心被设计为 32 个流式多处理器（Streaming Multiproeessor，SM）；还设置有可达 6 GB 的 DRAM、主线程调度引擎（Giga Thread Engine，GTE）、L2 cache 等，它的每个 SM 可以同时处理 1 536 个线程，计算能力非常可观。

---

①　包含 ALU 和 FPU。

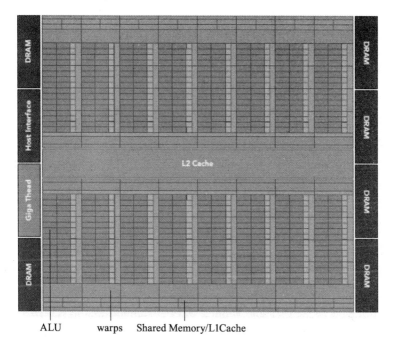

ALU　　warps　Shared Memory/L1Cache

图 2. 4　费米(Fermi)架构的内部结构

从图 2. 3 和图 2. 4 中可以看出,图形处理器比中央处理器拥有更多的计算核心,从而也会带来更好的计算能力,如昂贵而强大的最新款 CPU——英特尔®酷睿™i9-9980XE 至尊版处理器[1]的参数为 18 个计算核心、最大睿频 4. 4 GHz,其计算能力为 79. 2 GHz;而 NVIDIA 公司的新款 GPU——GEFORCE RTX 2080 Ti[2] 的参数为 4 352 个核心、基础频率 1. 35 GHZ,其理论计算能力可达 5 876. 2 GHz,是 i9-9980XE 的 74 倍以上。当然,这只是一种简化的比较,处理器实际计算能力需要复杂的测算,但这已经可以显示出图形处理器 GPU 的强大计算潜力。

---

　　[1]　https：//ark. intel. com/content/www/cn/zh/ark/products/series/186673/9th-gen-erat ion-intel-core-i9-processors. html.

　　[2]　https：//www. nvidia. cn/geforce/graphics-cards/rtx-2080-ti.

GPGPU 编程是快速发展的新兴编程技术,主要有基于 Open-GL/GLSL 的经典 GPGPU 技术、跨平台的解决方案 OpenCL 和 NVIDIA 的 CUDA 架构三种编程框架[104]。

(1)OpenGL(Open Graphics Library,开放图形库)是一种用于渲染 2D、3D 矢量图形的跨语言、跨平台的应用程序编程接口(Application Programming Interface,API),其高效实现非常依赖图形加速硬件,也即依赖于硬件厂商。

(2)OpenCL(Open Computing Language,开放运算语言)是发布于 2008 年的第一个面向异构系统通用并行编程标准,它为软件开发人员提供了一个统一的编程环境。OpenCL 提供了一种基于数据分割和任务分割的并行计算程序设计机制,可以方便地实现针对高性能计算服务器、桌面计算系统、手持设备等混合、高效编程,广泛适用于多核处理器 CPU、图形处理器 GPU、Cell 类型架构及数字信号处理器 DSP 等并行处理器。

(3)CUDA(Compute Unified Device Architecture)是 NVIDIA 公司于 2007 年发布的通用并行计算架构——统一计算设备架构,是一种 CPU 与 GPU 并用的"协同处理"计算模式,可以使 GPU 解决复杂的通用计算问题[105 - 107]。CUDA 包含指令集架构(ISA)和 GPU 内部并行计算引擎,使用 C、C + +、Fortran 等语言编写程序。当前,CUDA 已经成为最流行、最实用的 GPGPU 开发环境,也是最热门的多核/众核异构计算平台。

目前,多核并行处理已经成为最为流行计算模式之一,个人计算机已经进入多核时代,而世界超级计算机排行榜 Top 500 中的计算机都是复杂的众核处理器。例如,2013 年 6 月国防科技大学研制成功、六度称雄世界超级计算机排行榜的"天河二号"就集成了 3 120 000 个CPU/GPU 处理器核心,而预计 2020 年建成的百亿亿次超级计算机"天河三号"将拥有更多的计算核心[108]。

得益于并行计算新技术的发展和硬件资源越来越丰富,在压缩感知研究中也引入了多核/众核加速法,其中基于 GPU 的压缩感知算法加速研究尤为热门。亚利桑那大学的 Bilgin 研究的基于 GPU 的压缩感知并行磁共振成像、瑞典皇家理工学院的 Sund-mun 提出的分布式贪婪算法、格林内尔学院的 Blanchard 提出的 GPU 加速贪婪算法、Smith 等研究的 GPU 加速基于压缩感知的磁共振成像、莱斯大学的 Reyna 研究的基于 GPU 的高性能压缩感知等,都是基于 GPU 的压缩感知算法加速研究代表性成果[109-113]。本书也在研究算法并行化的基础上,对多核/众核加速压缩感知算法方面进行了深入研究和实际验证,相关细节在第 3 章进行描述。

2.2 云计算和大数据

云计算(Cloud Computing)和大数据(Big Data)都是热门的科技词汇。云计算是一种商业化的计算模型,能够基于网络为用户提供的计算资源服务,使用户按需获取计算资源[114-116];而大数据可被认为是数据的规模巨大,而无法在一定时间、范围内用常规软硬件工具进行捕捉、管理和处理[117,118]。

2.2.1 云计算

云计算是一种新兴的概念和技术,可以利用分布式和虚拟化技术将分散在互联网各处的 ICT(Information, Communication and Technology,信息、通信和技术)资源集中起来,建立各种基于网络的资源池统一调度,并以统一的界面向各种用户提供服务,为用户提供动态、按需和可度量的计算资源支持,以实现大规模信息处理[119]。在这种计算模式下,用户不需要知道资源在什么地方、如何管理、采用什么组织结构等,就可以在各种本地终端获取并使用 ICT 资源的服务。

云计算通常按提供服务的资源所在层次来进行分类,主要包括提供虚拟硬件资源服务的 IaaS(Infrastructure as a Service,基础设施即服务)、提供完整的虚拟环境服务的 PaaS(Platform as a Service,平台即服务)、提供软件模型服务的 SaaS(Software as a service,软件即服务)[120]。

（1）IaaS,是基础设施即服务的简称,为用户提供基于网络的基础设施服务。IaaS 管理虚拟化的硬件资源,如虚拟服务器、主机、存储器等,用户可以根据需求以服务的方式向 IaaS 申请这些硬件资源并组建自己的应用,而不需要再专门购买实体设备。IaaS 公共云服务模型如图 2.5 所示[121]。

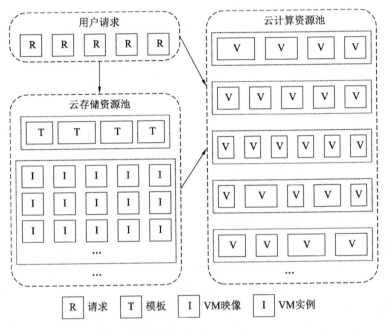

图 2.5　IaaS 云服务模型

（2）PaaS,是平台即服务的简称,可以将设计和执行平台作为一种服务,为用户提供应用运行或软件研发的环境,主要包括应用的设计、开发、测试。PaaS 向用户提供的服务通常有服务器平台或者开发环境,它可以向下通过 IaaS 服务提供的 API 调用基础设施资源,向上通过 API 为 SaaS 用户提供支持,提供的是一种承上启下的服务。PaaS 的核心组成如图 2.6 所示。

（3）SaaS,是软件即服务的简称,直接为用户提供基于网络的软件服务,用户仅仅是将所需的应用或计算交给应用软件提供者,而应用软件提供者为用户提供应用处理或问题计算。基于 SaaS 模式,应用软件供应商需要负责软件运行软硬件环境的搭建、软件的安装调试及后期的维护等,并将软件作为一种服务提供给用户。

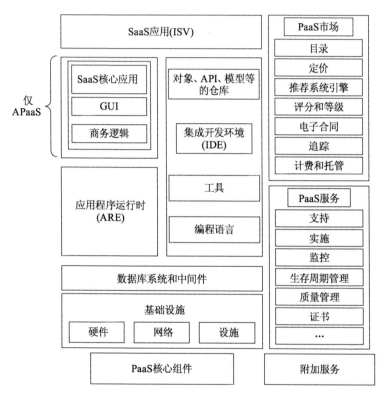

图 2.6　PaaS 服务模型

IaaS、PaaS、SaaS 都可以直接向用户提供服务:通过 IaaS,用户可以向云平台申请主机、存储器、服务器等虚拟硬件资源,以避免购买仅会使用一次或几次的硬件设备;利用 PaaS,用户可以利用平台提供者调试好的应用设计、研发或运行的平台,而不用再自己动手搭建;而 SaaS 让用户可以不需安装就可以使用完善的软件或应用。IaaS、PaaS 和 SaaS 也是相互联系的:IaaS 以服务的方式向 PaaS 和 SaaS 提供硬件资源的支持;PaaS 向下调用 IaaS 的硬件资源,向上为 SaaS 提供支持。IaaS、PaaS、SaaS 和用户之间的互联如图 2.7 所示。

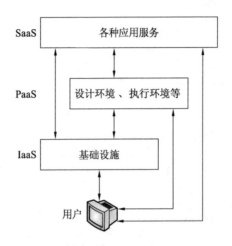

图 2.7　用户与 IaaS、PaaS、SaaS 相互关系

云计算模型主要涉及如下几个方面的核心技术:

(1) 虚拟化技术(Virtualization),是云计算的和核心之一。不同基础硬件的差异很大,云计算要统一管理这些资源,就需要利用虚拟化技术对这些硬件抽象并统一表示,为云计算提供了很好的底层平台。现在,主流处理器也都已经支持虚拟化技术。

(2) 新一代网络技术,也是云计算的核心之一。云可以看作是一个庞大的网络系统,系统中的所有资源(如硬件设备、执行环境、应用和软件等)都是以服务的方式提供给用户的,这需要高速传输网络的支持,因此连接云中各个节点的网络系统就成为云计算的关键环节之一。

(3) 信息分布存储技术,即云存储技术,通过将云中各处的存储设备互联起来统一管理,对用户提供信息存储服务。为了保证信息的访问速度和可靠性,通常采用分布式冗余的方式来存储信息。云存储的基础是快速网络技术、集群技术和分布式技术等。

(4) 数据管理技术,要能够高效地管理大数据,即如何在海量的数据中查询到特定的信息,这是必须要解决的。在云中通常采用列存储的模式来完成数据管理,保证系统的性能。

(5) 分布式资源管理技术,是维护系统状态的关键,它的功能是当接到用户请求时,能够合理地调度资源,完成资源的发现、分发、调度等过程,使得用户的需求得到满足。

(6) 并行编程模式,通常采用高度抽象 MapReduce 编程模式[122,123],通过封装使复杂的操作对用户透明。MapReduce 模型通过 Map 和 Reduce 两个操作步骤,可以将面向海量数据的大型计算任务分解为多个子任务,并将这些子任务分发给大量的计算节点共同完成。

最早出现于 2007 年下半年的云计算的概念,现在已经成为最核心的 IT 技术和服务模式,Google、IBM、微软、Amazon、苹果等国际 IT 巨头都已经建立了自己的云平台,并开始为其用户提供服务。在国内,中国移动研究院是最早搭建云计算平台的企业,此后百度、腾讯、阿里巴巴、华为等大型互联网或高科技企业也都先后创建了自己的云计算平台,并提供了公共云计算和存储服务。伴随着计算系统虚拟化基础理论与方法研究、云计算安全基础理论与方法研究、智能云服务于管理平台核心软件及系统等一大批政府资助的 863、973 和国家自然基金等科研项目的顺利开展,奠定了云计算技术发展的基础,促进了我国云计算的发展和应用,正构建着越来越庞大云计算服务平台,有力地推动了我国信息化产业的深入发展。

云计算技术发展很快,但还是一个比较新的信息技术,出现的时间还不长,至今还没有一种统一的技术体系架构。我国学者刘鹏教授总结了不同云计算平台的解决方案,提出了一种可供参考的四层云计算体系架构,如图 2.8 所示[115]。

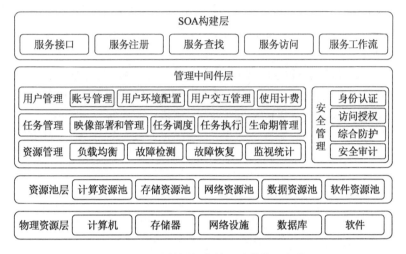

图 2.8 刘鹏教授提出的云计算体系架构

图 2.8 所示的云计算体系架构包括物理资源层、资源池层、管理中间件层和 SOA(Service-Oriented Architecture)构建层。物理资源层主要包含计算机、存储器、网络设施、数据库和软件等物理资源;资源池层即是容纳了大量相同类型的资源构成同构或接近同构池;管理中间件层用于云计算的资源管理,并对众多应用任务进行调度,使资源能够高效、安全地为应用提供服务;SOA 构建层将云计算能力封装为标准的 Web Services 服务,并纳入 SOA 体系[115]。

2.2.2 大数据

当前,随着信息化进程的加快和网络技术的发展,人类活动产生的数据量极为庞大且仍在急剧增加。2019 年中国农历春节期间,有 8.23 亿人发送微信红包;2016 年"双 11"期间,淘宝成交订单总数量达到 10.5 亿笔,峰值时达到 12 万笔/秒,而全天产生的物流订单总数达 8.12 亿;在 3 分钟内,互联网上就有 18 万小时的音乐被下载、6 亿封 E-mail 产生、6 000 万张图片被查看等。这些人类活动产生着规模庞大的数据量,对数据处理和存储技术都提出了巨大的挑战,大数据(Big Data)技术应运而生。

（1）大数据及其研究

由于大数据的多样性和新颖性，到目前为止，业界还没有给出统一的大数据定义。一般地，大数据可被认为是数据规模巨大，而无法在一定时间、范围内用常规软件工具进行捕捉、管理和处理；它需要新的数据处理模式才能具有更强的决策力、洞察发现力和流程优化能力的海量、高增长率和多样化的信息资产。大数据的特点可以总结为 4 个 V，即 Volume（大量）、Variety（多样）、Value（价值密度低）和 Velocity（高速）[42]。

① Volume（大量）：大数据的首要体现就是数据量极大。随着信息技术的高速发展，尤其是社交网络（微博、推特、脸书）、移动网络、各种智能工具、服务工具等的发展和大规模应用，人类世界的数据量开始爆发性增长，文件系统的存储单位从过去的 GB 到 TB，乃至到现在已达 PB、EB 级别，因此迫切需要强大的数据处理平台和新的数据处理技术，来采集、传输、处理、分析大规模的数据。

② Variety（多样）：当前世界，数据的来源非常复杂繁多，这就决定了大数据表现形式的多样性。例如，当前搜索系统、推荐系统、社交系统等都是热门的应用，一方面，它们所产生的数据量本身就种类繁多、结构复杂、因果关系弱，通常都表现出非常明显的非结构化的特征；另一方面，它们又往往通过分析用户日志数据来为用户提供更精确的"定制化"服务，而这些数据结构化又非常明显。这就对大数据的处理技术提出了新的要求。

③ Value（价值密度低）：大数据的数据规模很大，同时其价值密度又很低，这是大数据的一个核心特征。大数据的核心理念就是利用机器学习、人工智能和数据挖掘等技术，从海量复杂多样的数据中挖掘、分析出有价值的信息，总结出事物的规律、预测出事物发展的方向、发现新规律和新知识，并应用于农业、金融、生产、管理等各个领域，从而为人们认识世界、改造世界服务。

④ Velocity（高速）：大数据的产生非常快速，也要求它的处理技术必须是实时的。大数据规模大、价值密度低，这就使得投入大

量资源去保存价值较小的海量历史数据是非常不划算的,而保存分析结果就是极为合理的设计思想。大数据时代,对数据处理的速度有非常高的要求,通常都具有实时的特征。在未来的竞争中,哪个平台的数据处理速度快、精确度高,哪个平台就将占据优势地位。

大数据技术的战略意义不在于掌握庞大的数据信息,而在于对这些含有意义的数据进行专业化处理。学术界、工业界甚至政府机构都密切关注着大数据问题。国际顶级期刊 *Nature* 早在 2008 年就推出了"Big Data"专刊[124];另一个国家顶级期刊 *Science* 在 2011 年 2 月推出"Dealing with Data"专刊[125];美国一些知名的数据管理领域的专家学者则从专业的研究角度出发,联合发布了白皮书 *Challenges and Opportunities with Big Data*①。2012 年 3 月份美国奥巴马政府发布了"大数据研究和发展倡议"(Big data research and development initiative),投资 2 亿美元以上,正式启动"大数据发展计划";欧盟方面对数据科学相关的基础设施投资也已达 1 亿多欧元,并将数据信息化基础设施作为"Horizon 2020 计划"②的优先发展领域之一。在中国,早在"十二五"期间大数据就被列为重点扶持的技术和产业,在"十三五"更是加大了扶持力度;作为国家资助标志的国家自然科学基金项目,仅 2014 年就资助主题词含"大数据"的项目 144 项,其中资助额度超过 200 万元的重大/支撑研究项目就有 18 个。

当前,大数据已成为一种战略资源。正如李国杰院士在文献[126]中所说的,"在当前大数据时代,大数据是一个国家数字主权的体现;国家层面的竞争力将部分体现为一国拥有大数据的规模、活性及对数据的解释、运用的能力。数据为王的大数据时代的到来,产业界需求与关注点发生了重大转变:企业关注的重点转向数

---

① Labrinidis A, Jagadish H V. Challenges and opportunities with big data[J]. Proceedings of the VLDB Endowment, 2012, 5(12): 2032–2033.

② The Horizon 2020 Project EuPRAXIA (European Plasma Research Accelerator with eXcellence In Applications).

据,计算机行业正在转变为真正的信息行业,从追求计算速度转变为关注大数据处理能力,软件也将从编程为主转变为以数据为中心"。

自大数据被正式提出之后的短短几年时间里,已经对社会的发展产生了深远影响。例如,大数据决策已经成为一种新的决策方式,而大数据驱动的管理与决策研究早在 2015 年就被列入我国重大研究计划;大数据应用促进信息技术与各行各业的深度融合,出现了"互联网""工业 4.0""Web 2.0"等名词和产业;大数据推动新技术和新应用不断涌现,如汽车大数据、保险大数据、金融大数据等。

（2）Hadoop

大数据处理离不开云计算技术和分布式处理技术,而 Hadoop 就是其中的一个重要平台。

Hadoop[122,123,127,128]是一个由 Apache 基金会所开发的分布式系统基础架构,可以为企业提供低成本并行化方案和相对低廉的分布式解决方式,解决 PB 级数据集的储存、分析和学习等问题。

Hadoop 的最核心的设计就是 HDFS（Hadoop Distributed File System）存储模块和 MapReduce 计算模块。实时的大型数据集分析需要使用像 MapReduce 一样的框架来向数十、数百或甚至数千的电脑分配工作。

① HDFS。HDFS 采用了 master/slave 架构来构建分布式存储集群,文件分块存储（默认块大小为 64 MB）。在工作过程中 master 节点运行 namenode 进程、slave 节点运行 datanode;namenode 统一管理所有 slave 机器 datanode 存储空间,并决定数据块到 dataNode 的映射;datanode 以块为单位存储实际的数据,负责它们所在的物理节点上的存储管理。

② MapReduce。MapReduce 的计算过程分为两个阶段:映射阶段和化简阶段。映射阶段即 Map 过程,它把计算任务分解成为多个子任务来处理,通常每个子任务运行于一个 datanode 节点(在处理大规模数据集时子任务常多于节点数目),用来处理存储在本节

点的数据块。化简阶段即 Reduce 过程,把分解后多个子任务分别处理的结果汇总起来,得到最终结果。

2.2.3 本书中的云计算和大数据应用

事实上,云计算和大数据几乎是同时出现的新技术,它们是一体两面的,都是数据的大规模集聚与定制化应用,云计算是面向大数据的计算,大数据是基于云计算的数据分析。在本书研究中,主要关注计算的那一面,即云计算。

基于云计算加速压缩感知算法的研究已经展开并取得了一系列的研究成果[129-131],但大多数这方面的成果都是面向某一个专门的应用。本书将研究并实现一个基于云计算的压缩感知算法加速方案,该方案中的资源分配基于工作于 IaaS 层的开源云平台 OpenStack 实现、控制逻辑工作于 PaaS 层,它可以方便地加速几乎所有的并行化压缩感知算法,只要这些算法是基于 Python 语言实现的。

在大数据技术应用方面,本书主要研究了物联网中海量数据的采集和处理,提出了引入压缩感知技术减少物联网中的采集数据的规模,并探讨了在某市新区感知城管系统和某公司在线财务系统的数据采集予以应用。

2.3 Python

2.3.1 Python 简介

Python 是一种通用的、解释性的高层编程语言,它的设计哲学是"优雅""明确""简单",因此,Python 开发者的哲学是"用一种方法,最好是只有一种方法来做一件事"[132]。Python 提供了如列表和字典等高级的数据结构,以及动态类型转换、动态绑定、模块、类、异常、自动内存管理等功能。作为一种通用的编程语言,Python 有简单而又优雅的语法。

Python 是开源的,任何开发人员都可以下载其安装包,在自己的系统中安装。而且 Python 是完全开放源码的,因此,开发人员可以根据自己的需求修改它。Python 程序可以自动地被解释器编译成平台独立的字节码,因此它可以不经过任何修改在 Linux、Windows NT、SunOS 等系统中运行。

如今,Python 是一门非常热门的语言,根据 TIOBE 网站对编程语言的排名,Python 排名近年来发展迅猛[133]。除此之外,Python 语言还在 2007 年、2010 年和 2018 年三次获得年度 TIOBE 编程语言大奖。目前已有云平台都支持 Python 应用的开发,如 Google App Engine 等,甚至有云平台使用了 Python 实现,如 OpenStack。

Python 主要由文件库、解释器和运行时环境组成,图 2.9 给出了 Python 的整体架构。

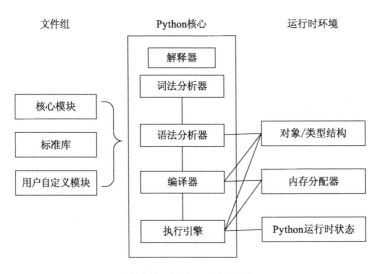

图 2.9 Python 体系架构

文件库又由核心模块、标准库和用户自定义模块等组成。Python 设计为一种可扩展的语言,并非所有的特性和功能都集成到语言核心,因此核心模块实现的功能少、作用简单。为了扩展 Python 的功能,使其能被用来快速开发,Python 有一套标准库,其中包含数百个模块,为常见的任务提供了丰富的工具,可以用来作为应用开发的起点。标准库可以用来与操作系统、解释器和网络交互,而且标准库中所有的这些模块都经过足够的测试,可以直接用于平时的开发中。

Python 解释器也是它的核心部分。在图 2.9 的中间方框中给出的就是 Python 的解释器部分。解释器的作用就是把 Python 源文件转换成 Python 的字节码(byte code),然后解析运行。在解释器中,Python 代码的处理流程如箭头所示。词法分析器首先将 Python 源文件分割成一系列的单词序列,然后语法分析器把词法分析器生成的结果进行分析,生成抽象语法树(AST),接着编译器根据抽象语法树生成 Python 字节码(byte code),最后由执行引擎来解析执行生成的字节码。

Python 的运行时环境由对象/结构类型、内存分配器和 Python 运行时状态三部分组成。运行时状态类似于一个很大的有穷状态机,它的作用就是使解释器在运行过程能根据需求在不同状态之间切换。内存分配器,顾名思义,就是负责内存的分配工作。由于 Python 底层是 C 实现的,因此,内存分配器其实就是对 C 中 malloc 的一层封装。Python 支持各种数据类型,包括列表、字典类型等,它们都包含在对象/类型结构中。

在图 2.9 中,在解释器与运行时环境之间的箭头,除了运行时状态的,都表示"使用"关系;而解释器与运行时状态之间的箭头表示"修改"关系,即解释器在执行 Python 代码的时候会不时地修改运行时状态,使得自身能在不同状态下切换。

2.3.2 Python 对象

作为一种面向对象的语言,对象的概念对于 Python 来说是非常重要的。Python 中所有的元素都是对象,包括整型、字符串型等,甚至类型、函数也是对象。因此,在 Python 中,用对象实现了面向对象语言中的"类"和"对象"概念。

每一种语言都有自己的内建的类型,在 Python 中这些类型就是对象,如整型类型、字符串类型、字典类型等,这些都是 Python 的内建类型对象。这些就相当于 Java 等面向对象语言中的"类"的概念;通过"实例化",这些内建类型对象就可以被用来创建实例对象,如整型对象、字符串对象、字典对象等。在 Python 中通过这些实例对象来体现 Java 中的"对象"概念的概念。

作为面向对象的语言,Python 也支持自己定义类型对象,然后通过这些自定义的类型对象"实例化"出自定义的对象。例如,通过 class A(object)定义一个类型对象。

Python 是用 ANSI C 实现的,其中的对象的创建也就是在堆上为 C 中结构体申请内存。除了内置类型对象外,Python 其他对象是不能被静态初始化的,也无法在栈上生存。为了简化 Python 对象的维护,Python 中一个对象创建之后,它在内存中的大小是不变的。那些长度不固定的对象在其内部维护了一个指针,用这个指针指向了可变的内存区域来实现可变的数据对象。

Python 对象体系分布如图 2.10 所示。

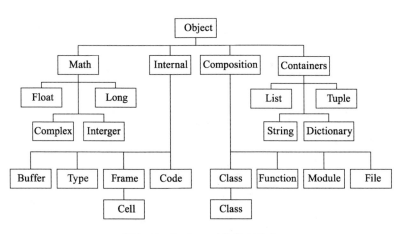

图 2.10　Python 对象体系分布

从图 2.10 中可知,Python 大致可以分为 Math、Internal、Composition 和 Container 四类。

（1）Math:数值相关的对象。

（2）Internal：内部对象，Python 解释器在运行时需要使用它。

（3）Composition：与程序结构相关的对象。

（4）Container：可以容纳其他对象的集合对象。

2.3.3　Python 的应用

本书选择 Python 作为研究对象，除了在于其可移植性外，还有一个主要原因就在于 Python 的应用领域极为广泛。下面列举几个 Python 的主要应用领域：

（1）系统编程。Python 内置了操作系统服务接口，并且其标准库还提供了丰富的系统工具，这些为编写操作系统管理工具提供了便利。

（2）数据库编程。对几乎所有主流数据库，Python 都提供了接口。Python 定义了一系列可移植的数据库 API，对于不同的数据库，具有相同的 API 接口。这样即使底层应用的数据库改变了，进行数据库操作的 Python 脚本也不需要太多的修改，就可以用于新的环境。

（3）快速原型。Python 语言具有简单的语法，相比 C 语言而言，实现相同功能，使用的代码更短，开发速度也更快，因此现在一种能快速开发的方法是，先利用 Python 实现原型框架，然后再针对需要效率的部分用编译型语言重新实现。

（4）数值计算和科学计算编程。Python 在数值计算和科学计算领域也具有很大的潜力。Python 可以以字节码形式解释执行，所以它比一般的脚本语言执行速度快。同时 Python 有丰富的数值计算和科学计算工具包，如 Numpy、Scipy 等，使得 Python 进行科学计算应用程序开发的难度大大降低。与数值计算领域中另一种开发工具 Matlab 相比，Python 具有更好的可移植性，而且可以很好地与其他程序相结合，所以，一些场景下，Python 比 Matlab 更具有优势。

（5）图形接口。Python 具有比较多的图形开发包，如 PyQt、PyGTK 等，通过 Python 编程，能很快速地实现可移植的桌面程序。

（6）嵌入式领域。Python 除了上述领域之外，在资源受限设备中也被广泛使用。例如在如今的移动设备中，iOS 系统和 Android 系统对 Python 也有很好的支持。由于 Python 是开放源码的，因此 Python 已经被移植到了一些嵌入式环境下运行。对一些嵌入式 Linux 的常用发行版本，如 arm 版本的 debian、archlinux 等，都有编译好的二进制版本，用户只要下载安装即可。

在本书中，利用 Python 语言实现了压缩感知算法的设计。在云加速框架中，实现了 Python 代码的序列化、算法迁移和任务调度的设计，可以方便地在 OpenStack 平台自动部署执行迁移而来的算法，这是压缩感知算法加速的前提条件。

2.4　物联网及其发展

当今世界是一个信息化的时代，全球每年都将产生庞大的信息量，而且所产生的信息规模仍在快速增加之中[134-136]；与此同时，随着智能感知技术和网络技术的发展，有入网需求的智能设备大量增加[137,138]。现实世界的联网需求与信息世界的扩展需求的对撞催生了物联网（Internet of Things，IoT）的诞生。

简单地说，物联网就是物物相连的网络，它主要通过把传感器、RFID（Radio Frequency Identification）、二维码等智能感知系统嵌入"物理实体"以随时获取其信息，从而将它们连接起来。在物联网中，"物理实体"无须人工干预就能够彼此"交流"，以实现智能识别、定位、跟踪、监控和管理[139-142]。物联网要"联"，它是互联网的延伸和扩展，将互联网提供的人与人交互功能扩大到人与人、人与物、物与物的交互；物联网还要"控"，它应该具备相应的计算能力、执行能力和一定的决策能力。物联网技术是一个知识密集型的前沿研究领域，涉及互联网、信息、通信、电子、云计算、分布式计算、大数据及传感器、条形码、RFID、多媒体信息采集等信息技术，已成为电子信息产业新的制高点。

物联网是通过对"物理实体"的信息化和物理世界的网络化

把现实世界互联起来,扩展了互联网的功能,将网络世界引入一个新的时代。一般地,物联网应具备信息感知、信息传输和信息处理等能力,其体系结构通常可以划分为如表 2.1 所示的 3 个层次。

表 2.1　物联网层次结构

结构层次		构件或功能		
应用层	物联网应用	智能家居	智能物流	产品溯源
		工业生产监测	矿井安全监控	环境检测
		智能交通	供电系统	…
	应用基础设施/中间件	油气管道	信息存储	Web 服务
		云计算	SOA	网络管理
		应用集成	解析服务	…
网络层		oT 信息中心	延伸网络	无线网络
		Internet	IoT 管理中心	IoT 网关
		移动网络	电信网络	…
感知层		二维码	RFID	电源系统
		传感器	接入网路	智能终端
		通信模块	执行器	…

底层是能够识别实体和感知信息的感知层,其上是实现数据传输、存储和分析的网络层(也称传输层),最上面是提供应用服务的应用层[143-146]。物联网各层既独立又相关,它们共同实现了人与人、人与物、物与物之间的信息交互。

图 2.11 所示是一个简单的、以 Internet 为基础的物联网示例。

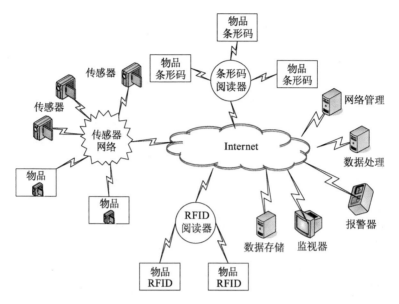

图 2.11　简单的物联网示例

　　比尔·盖茨在自己所著的《未来之路》①一书中提出了"物物互联"的思想,被认为是物联网概念的首次阐述,但因为当时信息感知设备、信息技术、通信技术和计算机硬件等的限制,这个思想并没有受到重视。国内外普遍公认物联网概念是 MIT Auto – ID 中心的 Kevin Ashton 教授在研究 RFID 时最早提出来的,其理念是利用 RFID、EPC(Electronic Product Code,电子产品代码)等感知技术在 Internet 之上构建一个"物物交互"的系统[147]。2005 年,国际电信联盟(ITU)在信息社会世界峰会(World Summit of Information Society)上,发布了《ITU 互联网报告 2005:物联网》②,引入了物联网概念、给出了物联网定义,并指出物联网时代即将来临。自此,物

───────────

　　①　Bill Gates. The Road Ahead[M]. Viking adult, 1995.

　　②　International Telecommunication Union. ITU Internet Reports 2005: The Internet of Things Executive Summary[C]. The World Summit on the Information Society (WSIS 2005), Tunis, Tunisia, 2005.

联网逐渐得到了人们的重视并获得了快速发展,物联网技术也随着研究人员和投资的增加而日渐成熟。

自 2009 年起,物联网正式获得各国政府的关注和支持,世界上的各主要经济强国纷纷制定了自己的物联网发展战略和行动计划。美国提出了"智慧地球(Smarter Planet)[①]"的战略思想,并将其作为振兴国民经济的关键性战略之一;欧盟委员会(Commission of the European Communities)通过了旨在确保在构建物联网过程中夺取主导地位的"欧盟物联网行动计划"[②];日本政府的 IT 战略总部将其发布的"u-Japan"提升为"i-Japan 战略"[③],提出了"智慧泛在"的构想,将物联网和云计算平台列为国家重点战略,其要点在于通过数字化和信息技术向经济社会渗透,将数字信息技术扩展到社会生活的每一个角落。

在中国,2009 年 8 月,温家宝总理提出了"感知中国"的概念,其后物联网先后被列入"'十二五'发展规划"[④]、科学和技术中长期发展规划和国家信息科技发展路线图——《创新 2050:科技革命与中国的未来》[⑤],越来越多的研究人员、科研单位、政府部门、IT 企业等个人或组织加入物联网的研究中,有力地促进了物联网在中国的发展。当前,随着"互联网 +"工程的推进,互联网与其他行业深入融合,这个融合过程中离不开物联网技术的应用。例如,生产生活中的各种"物体"要"入网",就需要借助物联网技术时刻收集"物体"的信息,而这是智慧城市、智能制造、智慧农业等新型发展业态的基础。

---

① Jinzy Zhu, Xing Fang, Zhe Guo, et al. IBM Cloud Computing Powering a Smarter Planet[J]. The First International Conference on Cloud Computing (CloudCom 2009), Beijing, China, 2009: 621 – 625.

② Commission of the European Communities. Internet of Things —— An action plan for Europe, 2009.

③ IT Strategic Headquarters. i – Japan Strategy 2015, 2009.

④ 工业和信息化部."十二五"物联网发展规划, 2011.

⑤ 中国科学院信息领域战略研究组. 创新 2050:科技革命与中国的未来[M]. 北京:科学出版社, 2009.

在大规模和超大规模物联网中部署了大量的数据感知设备，这些设备将带来数量庞大的各种采集数据，这些数据的采集和传输需要耗费大量的"能量"，这对物联网中的传感器寿命是一个巨大威胁，尤其是传感器不易替换的环境中，传感器能量的耗尽将意味着物联网的失效，如用于森林、海洋等特殊环境的监控物联网。为了提高物联网的寿命，本书将尝试在物联网数据采集中引入压缩感知方法，以减少采集的数据来减缓传感器能量的消耗，以验证其应用效果，开拓压缩感知的应用领域。

2.5 本章小节

本章主要介绍了本研究中用到的相关概念与技术。首先对并行计算和多核处理进行了简单介绍；然后阐述了云计算和大数据相关技术；紧接着描述了 Python 语言的相关知识，并给出了 Python 的整体架构和 Python 对象；最后，简单介绍物联网技术。在介绍相关技术时，本章还简要描述了这些技术在本研究中的应用。

第3章　并行压缩感知算法及其加速研究

　　压缩感知方法提出了一个新的信号采样框架,并以其降低采样率的优点引起了学术界和工业界的关注,但其现存的工作多数都是理论研究,这主要是因为压缩感知算法通过求解数值优化问题实现信号的重构,计算复杂度很高。例如,从1.4.3小节可知,压缩感知算法的执行时间较高且随着信号规模的增大以极高的速率快速增长,当信号规模增加到 4 096 × 1 时,OMP 算法的重构时间高达 360 s 以上,而 BP 算法则很难在普通个人计算机平台成功重构。更进一步地,在将压缩感知方法应用于二维信号时,算法的计算复杂度和矩阵 $\boldsymbol{\Phi}$、$\boldsymbol{\Psi}$ 都会急剧增大,这使得算法更加难以实现,因而如何提高算法的执行速度(算法加速)和构建快速稳定的压缩感知算法已经成为越来越热门的研究课题。目前已提出的快速压缩感知算法都是以增加观测值的数目(降低压缩比)或降低重构信号的精度为代价的;而算法的加速不会影响观测值的数目和重构信号的精度。本章研究二维信号的压缩感知重构,提出了并行压缩感知方法,并实现了算法的多核并行加速。

3.1　并行压缩感知

　　算法加速就是利用更好或更多的计算资源提高算法的执行速度。当前,计算核心频率的增长已经极为缓慢,多核处理器早已成为一种技术潮流,随着硬件设备价格的逐步降低,多核/众核计算资源的获取越来越简单。研究压缩感知算法的加速首先应该实现算法的并行化,以便于在多个计算资源/核心上获得更好的执行效果。

3.1.1　二维信号的重构设计

（1）二维信号的列/行堆积重构

在压缩感知理论中,最初的信号重构是面向 $N \times 1$ 形式一维信号的,而对于 $i \times j$ 形式的二维信号,通常在处理过程中采用列/行堆积的方式把一个二维信号变为一维信号来进行处理。

根据列/行堆积方法,对于二维信号 $S : i \times j$,在利用压缩感知方法处理前应首先将其各列/行按一定顺序堆积在一起,组成一维信号 $s : N \times 1 (N = i \times j)$,然后利用观测矩阵 $\boldsymbol{\Phi} : M \times N$ 对信号 s 感知（即投影）得到压缩采样集合 $y : M \times 1 (M \ll N)$,这里的 y 可以作为一维数据存放,也可以转换为二维数据 $Y : i' \times j' (M = i' \times j')$ 存放。信号的重构,就是从 $y : M \times 1$ 中求解出列信号 s 的近似估计 $\hat{s} : N \times 1$ $(N = i \times j)$,同样是基于信号 s 稀疏等价表示 $s = \boldsymbol{\Psi\theta}$,其中 $\boldsymbol{\theta} : N \times 1$ $(N = i \times j)$,即首先利用优化算法求解 $\boldsymbol{\theta}$ 的近似逼近解 $\hat{\boldsymbol{\theta}}$,然后反变换得到信号 s 的近似解 $\hat{s}$,最后进行列分解得到二维信号 S 的近似逼近信号 $\hat{S} : i \times j$。列堆积方法的矩阵表示如图 3.1 所示。

根据列/行堆积方法,在压缩感知的处理过程中,操作的对象是组合的列/行信号 s,其长度通常比较大,重构操作的计算复杂度将会很高、重构时间也将较长。例如,BP 算法的计算复杂度为 $O(N^3)$,对于上述的信号 $S : i \times j$,其计算复杂度为

$$T = O(N^3) = O((i \times j)^3) = O(i^3 j^3) \tag{3.1}$$

除了难以忍受的高计算复杂度外,根据压缩感知算法的重构时间变化特点,列/行堆积方法重构二维信号时的算法执行时间也将以难以想象的速率快速增长。OMP 算法基于列/行堆积方法重构二维信号时的重构时间变化如表 3.1 所示,其中的测试环境与1.4.3 小节相同。

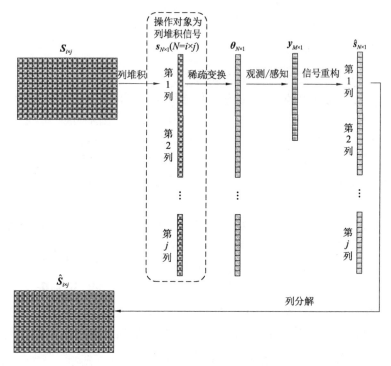

图 3.1 二维信号列堆积的处理过程

表 3.1 列堆积法的重构时间和 PSNR

图像大小	重构时间/s	PSNR
32×32	1.255	8.345 7
64×64	73.254	17.803 4
128×128	—	—

对比表 3.1 和表 1.1,二维信号的重构时间远远大于一维信号,如重构 64×64 的二维信号,其重构时间远远大于重构 64 个 64×1 的一维信号;并且算法重构时间随信号规模的增加而增长的速率也远远大于一维信号;此外,列/行重构方法所需要保存的中间数据量也比较大,如仅仅重构 64×64 的信号,当压缩比为 4∶1 时所需要的稀疏变换基大小为 $\boldsymbol{\Psi}$:4 096×4 096、观测矩阵大小为

$\boldsymbol{\Phi}$:1 024 ×4 096 等。综上所述,列堆/行积方法重构二维信号,所需要付出的代价极为高昂,事实上,仅仅当信号规模增加到 128 × 128 时,其重构时间已经不是我们能够忍受的了(超过了 48 小时),所以在实际应用中无法采用这种方法

表 3.1 中的 PSNR 表示信号的信噪比(Peak Signal-to-Noise Ratio),常用于描述信号的重构精度,其计算方法为

$$PSNR = 10\ln\left(\frac{255^2}{MSE}\right) \tag{3.2}$$

(2)二维信号的按列重构

列/行堆积方法重构二维信号的代价极高,很难实际应用,这就需要重新设计二维信号的重构操作,而我们选择并设计按列处理的方式重构信号,即把二维信号的每一列作为一个需要操作的一维信号分别处理。

按列重构二维信号,就是对于二维信号 $\boldsymbol{S}$:$i \times j$,将其每一列 $\boldsymbol{s}_k$:$i \times 1(k=1,2,\cdots,j)$ 作为一个操作对象,对每一列 $\boldsymbol{s}_k$ 分别进行稀疏变换得到等价表示 $\boldsymbol{\theta}_k$:$i \times 1(k=1,2,\cdots,j)$、感知/观测得到 $\boldsymbol{y}_k$:$M \times 1(k=1,2,\cdots,j$,且 $M \ll i)$。对于二维信号 $\boldsymbol{S}$ 来说,其稀疏表示 $\boldsymbol{\Theta}$ 和观测集合 $\boldsymbol{Y}$ 为

$$\boldsymbol{\Theta} = [\boldsymbol{\theta}_1, \boldsymbol{\theta}_2, \cdots, \boldsymbol{\theta}_j] \tag{3.3}$$

$$\boldsymbol{Y} = [\boldsymbol{y}_1, \boldsymbol{y}_2, \cdots, \boldsymbol{y}_j] \tag{3.4}$$

按列重构方法在重构信号时,是把 $\boldsymbol{Y}$ 的每一列 $\boldsymbol{y}_k$ 重构为 $\hat{\boldsymbol{s}}_k$:$i \times 1(k=1,2,\cdots,j)$,而 $\hat{\boldsymbol{s}}_k$ 的组合

$$\hat{\boldsymbol{S}} = [\hat{\boldsymbol{s}}_1, \hat{\boldsymbol{s}}_2, \cdots, \hat{\boldsymbol{s}}_j] \tag{3.5}$$

是原始信号 $\boldsymbol{S}$ 的重构信号。按列重构的矩阵表示如图 3.2 所示。

当重构 $i \times j$ 的二维信号时,按列重构方法需要执行 j 次(由信号的列数决定)重构算法,如利用 BP 算法重构信号其计算复杂度为

$$T = j \times O(i^3) = O(i^3 j) \tag{3.6}$$

这个计算复杂度远远小于列/行堆积方法。接下来的(3)~(4)部分就用一些实例验证按列重构方法的重构效果,实验中使用图像信号作为重构算法的操作对象。

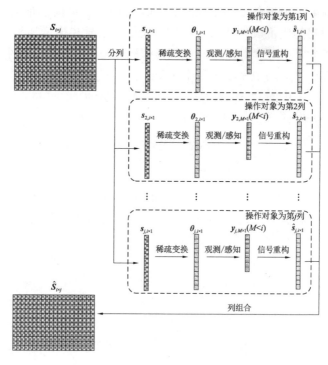

图 3.2　二维信号按列操作的处理过程

（3）重构不同大小的图像

表 3.2 给出 OMP 和 BP 算法重构不同大小的标准测试图像 Lenna 时,采用按列重构方法的算法执行时间和重构图像的 PSNR 值,这里的计算环境与 1.4.3 小节相同。表中给出的重构时间和 PSNR 值都是分别执行 100 次以上重构算法,然后计算出的平均值。

表 3.2　重构不同大小图像的时间和 PSNR

图像大小	OMP 算法		BP 算法	
	重构时间/s	PSNR	重构时间/s	PSNR
32 × 32	0.025	7.074 9	0.821	8.715 9
64 × 64	0.163	11.159 5	2.514	12.179 2
128 × 128	1.201	18.045 8	6.521	22.332 3

续表

图像大小	OMP 算法		BP 算法	
	重构时间/s	PSNR	重构时间/s	PSNR
256×256	9.709	26.339 5	35.178	28.181 7
512×512	95.292	30.070 6	388.801	32.081 0
1 024×1 024	1 120.806	32.833 3	4 329.745	35.261 9

从表 3.2 中的数据可知,当重构时间的变化趋于稳定时(图像大小在 128×128 或以上),图像规模的增幅远远赶不上算法重构时间的增幅,当图像达到 256×256 时,重构时间的增幅已经达到了图像大小增幅的 2~3 倍,而且仍然呈增加趋势。

图 3.3 给出了 OMP 算法重构图像的视觉效果(BP 算法精度更高、重构效果更清晰,此处不再列出)。

原始图像　重构图像　原始图像　重构图像
(a) 图像大小:128×128　(b) 图像大小:256×256

原始图像　　　　　重构图像
(c) 图像大小:512×512

原始图像　　　　　　　重构图像
(d) 图像大小:1024×1024

图 3.3　OMP 算法重构不同大小图像的效果

从图中可知,随着图像大小的增加,重构图像的效果越来越好;在图像大小达到 256×256 时,重构图像的视觉效果已经可以接受了,而当图像大小增加到 1 024×1 024 时,已经很难区分重构图像与原始图像的差别了。

(4)重构不同的图像

表 3.3 给出了 BP 和 OMP 算法对不同图像的重构效果。在测试实验中选取了图像处理理论中常用的标准测试图像,除了人物图像 Lenna 外,还有人物图像 Barbara、自然风景图像 Peppers 和 Boat、指纹图像 Fingerprint,以及压缩感知方法应用较多的磁共振图像(Magnetic Resonance Imaging,MRI),这里的图像大小均为 512× 512。算法的计算环境与 1.4.3 小节相同,且所有数据都是分别执行 100 次后得到的平均值。

表 3.3 重构不同图像的时间和 PSNR

图像	OMP 算法		BP 算法	
	重构时间/s	PSNR	重构时间/s	PSNR
Lenna	97.601	30.070 6	388.801	32.212 5
Barbara	95.223	26.908 4	380.983	29.271 2
Peppers	98.896	29.975 7	395.01	31.750 6
Boat	93.51	27.063 5	369.835	29.267 9
Fingerprint	90.917	20.215 2	375.26	22.503 4
MRI	91.009	29.911 7	357.934	32.084 8

从表 3.3 的数值可以得出,重构算法的执行时间只受图像大小的影响,不会因为图像不同而发生较大的变化;而重构图像的精度会随着图像的不同而发生变化,通常会受到图像平滑程度的影响。OMP 算法的执行时间远远小于 BP 算法,而其 PSNR 值比 BP 算法小 2 分贝左右,也就是说 OMP 算法以少量重构精度为代价大幅度缩短了重构时间,这在实际应用中非常有用。

图 3.4 显示了 OMP 算法在不同压缩比下对 Lenna、Barbara、Peppers、Boat 和磁共振图像的重构效果。从图中可以发现,对于不同的图像,在相同的压缩比之下图像越平滑视觉效果越好,对应于

表 3.3 中 PSNR 值,图像越平滑 PSNR 值越高,这两个结果是相符的;对于同一图像,压缩比越高重构效果越差,这是因为高压缩比将丢弃更多的有价值信息,这些信息只能在优化时"补充"。

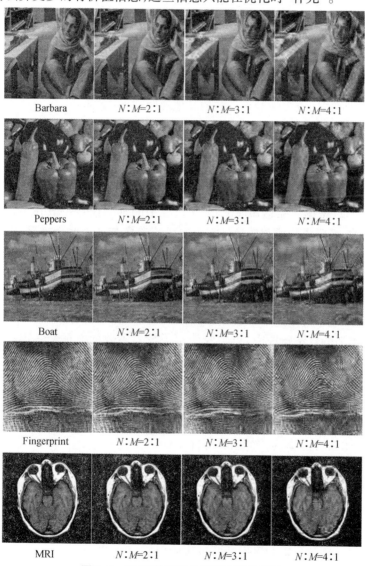

图 3.4　OMP 算法重构不同图像的效果

这里没有给出 BP 算法的重构图像视觉效果,它们比给出的图像要更清晰一些。事实上,虽然 OMP 算法重构图像的 PSNR 值稍低,但就视觉效果来说,多数情况下与 BP 算法差别并不大。

(5) 验证实验说明

本书第 3 章至第 5 章的所有方案、架构和算法都是面对二维信号的,并特别选取图像信号进行实验验证,这主要是由于压缩感知方法得到的是信号的最优近似逼近解,其在图像信号的采样和重构中应用比较多。验证算法的其他说明如下:

① 在压缩感知算法中,BP 算法是最经典的,而 OMP 及其改进算法在实际中最常用。考虑到 OMP 算法的重构精度仅稍低于 BP 算法,但重构时间大幅度缩短,后面的验证常选择 OMP 算法,仅少量实验同时也测试了 BP 算法。

② 根据压缩感知理论,现实世界中的真实信号一般并不是稀疏的,需要进行稀疏变换。常用的稀疏变换基有小波变换基、傅里叶变换基、离散余弦变换基等,本书中的验证算法使用小波变换基进行稀疏变换。小波变换可以把图像的大部分能量集中起来,提高了其他元素的稀疏度,所以应用比较多。

③ 压缩感知算法常选用一致分布的随机矩阵作为观测矩阵,在本书的算法验证中,也主要使用了与大多数标准正交基不相关的随机高斯矩阵作为观测矩阵。

④ 本书在验证压缩感知算法在图像重构中的效果时采用了按列重构的方法,这样做既能缩短重构操作的执行时间,也为算法的并行化提供了极大便利。

3.1.2　并行压缩感知设计

从压缩感知的数据模型可以发现,算法中涉及大量的矩阵运算,这使得实现算法的并行成为可能,而本书重点研究的二维信号重构是利用按列重构的方式实现的,更是天生适合于并行化。在压缩感知算法中,优化重构是计算复杂度最高的部分,下面就讨论针对二维信号重构操作的并行压缩感知(Parallel Compressed Sensing,PCS)方法。

在 3.1.1 小节的说明中可知,在不考虑信号列间的相关性前提下,本书中针对二维信号的重构使用的按列重构的方法,可以通过将每一列作为一次操作的对象单独进行重构,当信号的所有列都完成了重构,也就相当于完成了整个二维信号的重构。因为不需要考虑信号各列的关联性,这样的操作方法简化了操作过程,可以认为每一次的重构都是独立的,它们之间是可以并行处理的。

再来考虑针对二维信号每一列的观测矩阵和稀疏变换矩阵。

假设信号 $S:N \times N$ 的稀疏变换基为 $\boldsymbol{\Psi}:N \times N$,则

$$S_{N \times N} = \boldsymbol{\Psi}_{N \times N} \boldsymbol{\Theta}_{N \times N} \tag{3.7}$$

是 S 在基 $\boldsymbol{\Psi}$ 上的稀疏表示,其中 $\boldsymbol{\Theta}:N \times N$ 是 S 的稀疏表示系数。那么有 $\boldsymbol{\Theta}$ 的第 i 列

$$s_i = \boldsymbol{\Psi}\theta_i \quad (i = 1,2,\cdots,N) \tag{3.8}$$

是信号 S 第 i 列 $s_i:N \times 1$ 的稀疏表示系数。也就是说,信号 S 的稀疏变换基 $\boldsymbol{\Psi}$ 是所有列信号 s_i 的稀疏变换基。

若观测矩阵为 $\boldsymbol{\Phi}:M \times N$,则观测集合可表示为

$$Y = \boldsymbol{\Phi}S = \boldsymbol{\Phi}\boldsymbol{\Psi}\boldsymbol{\Theta} = A^{CS}\boldsymbol{\Theta} \tag{3.9}$$

其中,$Y:M \times N$ 就是感知数据/压缩采样,则 Y 中的第 i 列 $y_i:M \times 1$ 为

$$y_i = \boldsymbol{\Phi}s_i = \boldsymbol{\Phi}\boldsymbol{\Psi}\theta_i = A^{CS}\theta_i \quad (i = 1,2,\cdots,N) \tag{3.10}$$

就是信号 S 第 i 列 s_i 的观测集合。

从式 (3.8) 和式 (3.10) 可以看出,稀疏变换基 $\boldsymbol{\Psi}$ 和观测矩阵 $\boldsymbol{\Phi}$ 是所有列信号 s_i 都是有效的,这样对于信号 S 中的每一个列信号 s_i 及其观测集合 Y 中的每一个列采样 y_i 来说,都满足:

> $\boldsymbol{\Psi}$ 和 $\boldsymbol{\Phi}$ 是线性无关的
> $\Leftrightarrow A^{CS}$ 满足 RIP 性质
> $\Leftrightarrow s_i$ 可以被高概率地重构

并行压缩感知方法把 Y 中的每一列 $y_i(i = 1,2,\cdots,N):M \times 1$ 作为一个需要重构的信号,它们与原始信号 S 中的每一列 $s_i(i = 1,2,\cdots,N):N \times 1$ 是一一对应的。并行压缩感知在执行信号重构操

作时,可以同时启动 N 个重构进程,每一个进程可以重构压缩采样 Y 中的一列:

$$\min \parallel \boldsymbol{\theta}_i \parallel_1 \text{ s. t. } \boldsymbol{Y} = \boldsymbol{A}^{CS} \boldsymbol{\theta}_i \quad (i=1,2,\cdots,N) \qquad (3.11)$$

这 N 个进程被调度到不同的计算资源上执行,以实现并行加速;当进行重构操作的 N 个进程全部执行完成,Y 中的所有列 $\boldsymbol{y}_i(i=1,2,\cdots,N)$ 都被重构为 $\hat{\boldsymbol{s}}_i(i=1,2,\cdots,N):N \times 1$。很明显,$\hat{\boldsymbol{s}}_i(i=1,2,\cdots,N)$ 是 $\boldsymbol{s}_i(i=1,2,\cdots,N)$ 的精确或近似重构描述,然后再根据 Y 中各列的位置将重构的 N 个向量 $\hat{\boldsymbol{s}}_i(i=1,2,\cdots,N)$ 进行排序,组合为 $\hat{\boldsymbol{S}}:N \times N$,这就是原始信号 $\boldsymbol{S}$ 的精确或近似重构信号。

　　并行压缩感知算法的原理可用如图 3.5 所示的矩阵形式表示,而其理论框架可如图 3.6 所示。

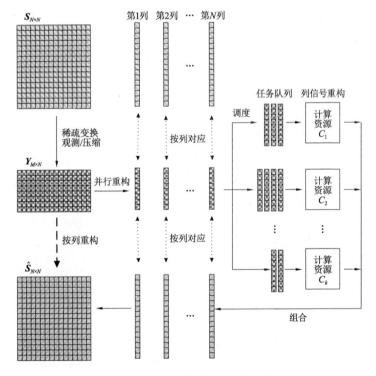

图 3.5　并行压缩感知的矩阵表示

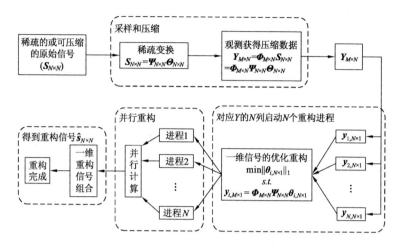

图 3.6　并行压缩感知的算法流程

3.2　CPU 并行加速

3.2.1　CPU 并行压缩感知的实现

CPU 并行处理通常有多核 CPU(multi-core CPU)的并行化和多 CPU 的并行化。多核 CPU 并行是最简单的并行处理方法,它通常在一个 CPU 中含有两个或两个以上的计算核芯,可以同时执行多个进程,以提高执行速度。多 CPU 拥有比多核 CPU 更好的配置,它不但计算核芯是多份的,辅助器件(如缓存)通常也要配置多份,但价格也比较昂贵。

多核 CPU 并行处理实现比较容易,只需要在编写的压缩感知算法中加入多核计算支持的代码,使得对二维信号所有列的重构操作同时启动即可,一般不用再考虑其他问题。

例如,实现最简单的 Matlab 多核 CPU 并行,只需使用

```
matlabpool local
```

指令开启 CPU 的并行化支持,然后使用

```
parfor
```

命令并行化循环即可。

如果要把 Python 语言实现的算法并行化,就需要内置的 map 函数[148]支持。map 函数是通过代码变换实现循环的并行化的,如 for 循环

```
for i in S:
    循环体
```

并行化时被转换为

```
def ifun(i):
    循环体
map(ifun, S)
```

这里的 map(ifun, S)意思将 S 中的所有元素分别代入 ifun 函数执行,并且所有的代入执行都是并发的。

map 函数对复杂过程的并行化能力有限(如不支持迭代过程的并行处理),为了进一步提高并行能力,将 map 函数重写为 pmap 函数以支持复杂过程的并行化。这样,上述 for 循环转换的并行化代码为

```
def ifun(i):
    循环体
pmap(ifun, T)
```

与 map(ifun, S)函数类似,调用 pmap(ifun, T)的意思是将 T 中的每一个元素分别代入函数 ifun 并行执行。

函数 pmap 为每一次 ifun 函数的调用启动一个协同程序,该协同程序使所有 ifun 函数的调用相互独立,不会阻断整个程序的

运行。为了保存迭代过程返回的结果，pmap 函数还定义了一个 iterable 类，它继承了 list 类并可以返回 list 的一部分。在协同程序的帮助下，ifun 函数的每一次调用都不必等待其他调用的结果，而 iterable 类可以单独保存每一次迭代的结果，从而使迭代过程也可以并行化。pmap 函数主要是在第 4 章的云加速方案中设计和使用，还包含了其他一些功能，详细介绍可参考第 4 章相关内容。

如果想使用更多的并行化支持，还需要进一步做一些设计和在算法中添加一些适量的语句，这里不再详细介绍，有需要的读者可以参考一些这方面的资料，如 Matlab 程序的并行化可以参考文献[149]，Python 程序的并行化支持可参考文献[150 - 151]。

3.2.2　CPU 并行加速效果

（1）OMP 算法的 CPU 并行加速

OMP 算法的 CPU 并行加速效果可见表 3.4 和图 3.7，其中表 3.4 是利用 OMP 算法处理大小为 256×256 的图像时，单核执行、双核并行、四核并行的算法运行时间和加速比的对比，表中列出了 OMP 算法 16 次运行的测试结果，用于观察加速效果及其稳定性；图 3.7 所示是利用 OMP 重构不同大小的图像时，四核并行和单核执行时的时间比较。CPU 并行加速的测试环境为 Intel(R) Core(TM) 2 Quad CPU Q9400 @ 2.66 GHz 及 4 GB 内存的个人计算机，运行 Windows 7 操作系统和 Matlab R2014b。

表 3.4　CPU 并行加速 OMP 算法的效果

第 i 次重构	单核执行时间/s	双核		四核	
		执行时间/s	加速比	执行时间/s	加速比
1	6.33	3.26	1.94	1.84	3.44
2	6.20	3.28	1.89	1.83	3.38
3	6.36	3.27	1.94	1.84	3.46
4	6.63	3.27	2.02	1.97	3.37

第 i 次重构	单核执行时间/s	双核		四核	
		执行时间/s	加速比	执行时间/s	加速比
5	6.23	3.28	1.90	1.85	3.36
6	6.24	3.28	1.90	1.83	3.40
7	6.20	3.27	1.90	1.83	3.38
8	6.20	3.29	1.88	1.89	3.28
9	6.22	3.27	1.90	1.84	3.38
10	6.20	3.28	1.89	1.90	3.27
11	6.22	3.28	1.89	1.86	3.33
12	6.22	3.27	1.90	1.85	3.37
13	6.19	3.27	1.89	1.83	3.38
14	6.20	3.31	1.87	1.84	3.37
15	6.25	3.29	1.90	1.84	3.39
16	6.20	3.27	1.89	1.86	3.34

表3.4中列出了利用OMP算法重构同一个图像的算法执行数据,每行均代表利用单核、双核、四核分别运行一次的数值。从表中所给的数值可以看出,利用双核并行加速OMP算法时的重构时间单核重构降低了近50%,而采用四核并行加速时的重构时间则比原来降低了70%以上。对比表中的加速比可以发现,16次重构中的加速比一直比较稳定,双核的加速比为1.9左右,而四核的加速比为3.4左右。表中提到的加速比是用来衡量算法加速的效果的,其定义为

$$\alpha = \frac{T_1}{T_n} \tag{3.12}$$

式中, α 为并行算法的加速比; T_1 为算法单核执行时的运行时间; T_n 为算法并行时的执行时间。

从图 3.7 中可以看出,在处理的信号规模比较小时,并行加速的效果很不明显,极端情况甚至还会延长算法的运行时间,如处理 64×64 的图像,基于单核和四核的执行时间分别是 0.14 s 和 0.17 s;随着信号规模的增大,并行加速的效果越来越好,当信号规模增加到 256×256 时,加速比开始趋于稳定,一直保持在 3.4 左右。

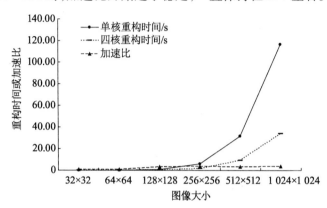

图 3.7　CPU 并行对不同大小图像的加速效果(OMP 算法)

(2) BP 算法的 CPU 并行加速

BP 算法的 CPU 并行加速效果可见表 3.5 和图 3.8。表 3.5 所示是利用 BP 算法处理大小为 256×256 的图像时,单核执行、双核并行、四核并行的算法运行时间和加速比的对比;图 3.8 所示是重构不同大小的图像时,四核并行和单核执行的时间比较。这里的测试环境与本小节第(1)部分测试 OMP 算法时相同。

表 3.5　CPU 并行加速 BP 算法的效果

第 i 次重构	单核执行时间/s	双核		四核	
		执行时间/s	加速比	执行时间/s	加速比
1	14.96	9.25	1.62	5.42	2.76
2	14.61	9.06	1.61	5.33	2.74

第 i 次重构	单核执行时间/s	双核		四核	
		执行时间/s	加速比	执行时间/s	加速比
3	14.07	8.87	1.59	5.33	2.64
4	14.07	8.93	1.58	5.29	2.66
5	13.79	8.98	1.54	5.51	2.50
6	13.79	8.85	1.56	5.40	2.55
7	13.66	8.81	1.55	5.32	2.57
8	13.47	9.04	1.49	5.31	2.54
9	13.90	9.05	1.54	5.30	2.62
10	13.22	9.11	1.45	5.29	2.50
11	13.26	8.88	1.49	5.27	2.52
12	13.82	8.84	1.56	5.31	2.60
13	14.78	8.98	1.64	5.29	2.79
14	18.47	8.99	2.05	5.28	3.50
15	13.23	9.06	1.46	5.30	2.50
16	16.62	8.85	1.88	5.33	3.12

　　表 3.5 中给出了利用 BP 算法 16 次重构同一个图像的数据,每次重构均利用单核、双核、四核分别运行一次。从表中所给的数值可以看出,利用双核并行加速 OMP 算法时的重构时间单核重构降低了近 35%;而采用四核并行加速时的重构时间则比原来降低了约 60%。对比表中的加速比可以发现,16 次重构中多数的加速比一直比较稳定,双核的加速比为 1.5 左右,而四核的加速比为 2.6 左右。

　　从图 3.8 中可以看出,与 OMP 算法的多核加速效果类似,在处理的信号规模比较小时,BP 算法并行加速的效果很不明显,极端情况甚至还会延长算法的运行时间;随着信号规模的增大,并行加

速的效果越来越好;并行 BP 算法同样是在信号规模增加到 256 ×
256 时,加速比开始趋于稳定。

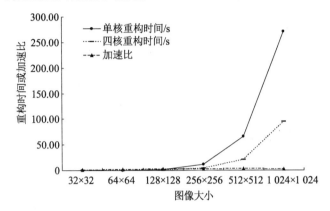

图 3.8　CPU 并行对不同大小图像的加速效果(BP 算法)

综合考查表 3.4、表 3.5 和图 3.7、图 3.8 可知,CPU 并行方法
可以实现对 OMP 和 BP 算法的加速,但对 BP 算法的加速效果比对
OMP 算法的加速效果稍差,可见 BP 算法的并行能力弱于 OMP 算
法;CPU 并行执行两种算法后,它们的重构时间与非并行时类似,
都保持随图像的增大呈指数级增加的趋势,只是 BP 算法的执行时
间更长而已。总之,压缩感知算法的并行加速可以大幅度提高算
法的执行速度、增强重构操作的实时处理能力;但当信号的规模很
小时并行加速的效果较差,这是因为并行加速方法的调度和管理
也会占用计算时间。

(3) OMP 和 BP 算法的 CPU 并行加速比较

CPU 并行加速方法对不同的图像都是有效的,如表 3.6 所示。
其运行环境仍然与前面 OMP 算法和 BP 算法的测试环境相同。

表 3.6 列举了对 Lenna、Barbara、Peppers、Boat、Fingerprint、MRI
这 6 幅标准测试图像进行处理时获取的测试数据,从中可知 CPU
并行加速方法对这些信号都能取得较好的加速效果,而且加速比
相近且比较稳定,这说明了加速方法的有效性和可靠性。

表 3.6　OMP 和 BP 算法的 CPU 并行加速对比

图像	OMP 算法			BP 算法		
	单核执行时间/s	四核执行时间/s	加速比	单核执行时间/s	四核执行时间/s	加速比
Lenna	31.57	9.32	3.39	66.62	21.99	3.03
Barbara	31.74	9.71	3.27	64.16	23.85	2.69
Peppers	32.97	9.84	3.35	55.58	22.14	2.51
Boat	31.17	9.09	3.43	58.29	21.75	2.68
Fingerprint	30.31	9.05	3.35	59.79	20.98	2.85
MRI	30.34	8.77	3.46	66.48	22.88	2.91

（4）CPU 并行的重构精度

对大部分图像,压缩感知的重构算法在并行加速后仍然能够精确地重构信号,表 3.7 给出了 OMP 算法和 BP 算法的非并行化执行和并行化执行时重构信号的 PSNR 值对比,前后基本没有大的变化,这说明并行化并不影响重构信号的精度。

表 3.7　并行重构不同图像的 PSNR 值

信号大小	OMP 算法		BP 算法	
	非并行的 PSNR	并行的 PSNR	非并行的 PSNR	并行的 PSNR
Lenna	30.070 6	30.162 1	32.212 5	32.321 0
Barbara	26.908 4	26.302 8	29.271 2	28.919 3
Peppers	29.975 7	30.005 6	31.750 6	31.773 3
Boat	27.063 5	26.973 4	29.267 9	29.399 4
Fingerprint	20.215 2	20.436 0	22.503 4	22.453 1
MRI	29.911 7	29.675 2	32.084 8	31.953 5

由于多核 CPU 多个核芯在同一个处理器上,调度和管理比较方便,实现容易、效率也比较高。当前,多核 CPU 已经发展出众核,

但支持技术还在发展当中,如 Intel 已经开发出了超过 80 个核心的 CPU 原型,却没合适的软件来使用它。CPU 并行加速方法还是有很大潜力可挖,很多的高性能计算机是基于该技术的。

3.3　GPU 并行加速

在计算机中,一般通用计算的处理任务由 CPU 完成,而 GPU 只负责图形的渲染。事实上,GPU 天生就是一个众核处理器,依靠数量众多的计算核心可以提供比 CPU 更强的处理能力和更高的存储器带宽,近年来已在通用计算领域崭露头角。

3.3.1　GPU 的加速效果

由于 NVIDIA 公司出产的显卡数量在显卡家族中占据绝对优势,其退出的 CUDA 已成为 GPGPU 领域最流行的计算模型。在 CUDA 的支持下,使用 CUDA C/C++ 语言编写程序往往能够获得多个数量级的性能提升,使得 GPU 在某些通用计算方面得到良好的应用。在研究 GPU 通用计算的基础上,我们在实验室利用 GPU 设备 NVIDIA Tesla C2050(Fermi 架构、448 个 CUDA 核心)实现了 BP 算法的加速实验,其加速效果如图 3.9 所示。

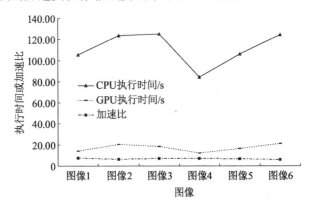

图 3.9　GPU 加速的 BP 算法效果

当我们完成了利用 GPU 加速 BP 算法的实验室时,有很多学者同样研究了基于 GPU 的压缩感知算法加速方法,而且他们已经发表了很多成果。Kuldeep Yadav、Ankush Mittal、M. A. Ansar 和 Avi Srivastava 实现了基于 Jacket 和 NVIDIA GeForce series 8400m GS、面向 Matlab 语言的 BP 算法的 GPU 加速,并取得了较好的加速效果。Nabor Reyn 在其硕士毕业论文中详细介绍了基于 GPU 的压缩感知算法加速方法及 Jacket 工具的部署过程,而 Jeffrey D. Blanchar、Jared Tanner 等介绍了基于 GPU 的贪婪类压缩感知算法的加速方法和效果。

根据文献〔148〕的研究,在投入相同资金的情况下,与单核 CPU 的运行时间相比,相对于多核 CPU 带来的 3～4 倍加速效果的提升,GPU 压缩感知算法最高可以获得 11 倍的加速比,如表 3.8 所示。

表 3.8 同等投入前提下 GPU 加速和 CPU 加速对比

图像大小	CPU 运行时间/s		GPU 运行时间 /s	GPU 对 CPU 的 加速比
	单核	六核		
256 × 256	0.49	0.28	0.066	4.24
512 × 512	2.0	1.1	0.12	9.17
1 024 × 1 024	8.4	3.4	0.34	10
2 048 × 2 048	35	14	1.3	10.77
4 096 × 4 096	160	68	8.3	8.19

显然 GPU 在通用计算领域有着可预期的前景,但鉴于已存在的众多研究成果,本书中只是为了在后面使用 GPU 并行加速方法而验证了这些研究成果,而并没有对该方法和技术更深入研究。

3.3.2 GPU 面临的挑战

利用 GPU 加速通用计算是最近这几年才开始兴起的,程序模型还不是很成熟,在实际应用中还有很多问题需要解决。

(1) GPGPU 还没有形成一套公认的技术标准,NVIDIA 和 AMD/ATI 两大厂商各自制定了不同的程序模型,这将为用户带来困扰。

（2）GPU 适用于进行结构简单的通用计算，而对于复杂数据结构的计算支持力度非常有限。

（3）GPGPU 适用于可以启动大规模并行线程的应用，而对只包含几个并行线程的小规模应用效果不是很好。

（4）利用 GPU 进行通用计算，通常需要设计新的算法和数据结构。

（5）显示芯片对 64 bits 浮点数和整数计算、IEEE 754 规格等的支持技术还在研究中。

尽管还面临着各种各样的问题，但 GPU 以其庞大数量的计算核心还是吸引了众多的研究目光，也取得了巨大的研究成果。例如，长期占据超级计算机世界 TOP 500 排行榜榜首的天河系列就包含了基于 GPU 计算的支持技术。当前已经开始流行的 GPGPU 计算模型是 CPU + GPU 异构计算框架，它极大地减少了 CPU 和 GPU 之间的通信成本，使 GPU 在较低端的应用中将有用武之地，这是多核/众核研究的一个热点。

3.4　本章小结

本章研究了压缩感知算法的并行化及多核并行加速，完成了算法的并行化设计，实现了 OMP 算法和 BP 算法的 CPU 多核并行加速，根据实验得出的加速效果，发现 OMP 算法的并行加速效果明显好于 BP 算法。

第4章 压缩感知算法的云加速研究

在实际应用中,用户的某些操作和计算可能在一个月、一年、甚至更长的一段时间内只会进行一次,而这些运算却需要大量的计算资源支持,如果为这些运算专门购买计算资源会造成巨大的浪费。云计算技术是能够以按需付费(pay-as-you-go)模式向用户提供计算服务的软件平台,它可以通过网络为用户提供大量的计算资源,从而避免用户采购可能"仅用一次"(using once-and-only-once)的计算设备,更方便、也更经济。本章研究了云计算技术和开源的云平台框架 OpenStack,设计并实现了基于 OpenStack 平台的压缩感知算法加速方案 Briareus,能够方便地利用云资源加速算法,是一个通用的云加速框架。

4.1 OpenStack

美国国家航空航天局(NASA)和 Rackspace 公司合作推出的 OpenStack[153] 是一个开源的构建云平台并提供云服务的框架,可以用于管理虚拟机、简化云部署过程,并为云平台带来良好的扩展性。OpenStack 是一个由 Python 实现的云平台管理项目,可以部署、运行于标准的硬件平台,它通常由以下的核心项目组成:

(1) Nova,也称为 OpenStack Compute,是 OpenStack 虚拟服务器部署和业务计算模块,用于为用户启动虚拟机实例、为多个实例的特定项目提供网络管理、为镜像提供存储机制和控制访问等,实现云平台的创建。

（2）Swift,是 OpenStack 对象存储（Object Storage）系统,用于为云平台提供大规模、可扩展的分布式云存储,可以实现数据复制和存档、存储器扩展、视频服务等功能,具有冗余和容错机制。

（3）Glance,是 OpenStack 镜像服务（Image Service）系统,用于虚拟机镜像存储、查找及检索,通过前端设置的 API 服务器,支持多种文件系统,如简单文件系统、VMware（VMDK）、Amazon 镜像（S3）、后端文件系统、VirtualBox（VDI）等。

Nova 创建和管理云平台并提供计算功能、Swift 提供可靠的数据存储功能、Glance 提供虚拟对象存储服务,它们相互协作,共同为用户构建云计算平台,并提供云服务,三者之间的相互关系如图4.1 所示。

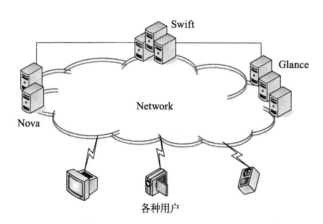

图 4.1　Nova、Swift 和 Glance 相互关系

OpenStack 可以帮助服务商和企业内部实现类似于 Amazon EC2 和 S3 的云基础架构服务,构建自己的云计算平台。

4.2　云加速方案概述

通常,算法加速关注的是更多更好的计算资源,如更多的 CPU 核心、更多的 CPU 时间、更多的内存容量,甚至仅仅是速度更快的硬件,忽略了软件和算法本身的因素,而云计算是一种能够基于网络提供大量的计算资源以加速应用程序的技术。例如,通过迁移应用程序至云计算平台,利用其管理的计算资源加速运行。

本书中实现的 Briareus 是一个基于 OpenStack 的云加速框架,它的主要作用是把复杂的计算任务迁移到云端去执行,而对于一般任务仍然在本地环境中执行。Briareus 框架的资源分配工作在 IaaS 层,而其系统控制逻辑工作于 PaaS 平台。

基于云的算法加速方案 Briareus 底层利用 OpenStack 架构搭建了一个 IaaS 云服务平台,该平台基于 IaaS 服务可以方便地实现云中计算资源的分配,利用较多的计算资源加速迁移而来的算法。Briareus 的 PaaS 服务为用户提供了辅助开发工具和一个可以自动部署复杂计算任务的云端环境,这样就通过提供 Python 运行环境的方式向用户提供算法加速的云端上下文,该云端环境可以很方便地恢复 Python 语言编写的算法的执行上下文,不但可以提高算法的执行速度,还可以使用户感觉不到这个迁移过程。

云加速方案 Briareus 面向 Python 语言的主要原因有两个:

(1) Python 语言功能足够强大,其提供的函数库和软件包能够满足压缩感知算法的编程需求。

(2) OpenStack 本身是 Python 语言开发的,对 Python 程序的支持比较好,易于算法与平台的结合。

在 Briareus 方案中,用户首先用 Python 语言实现需要执行的复杂操作,然后登录 Briareus 系统并根据自己的实际情况计算对资源的需求,直接向 Briareus 平台申请适量的计算资源。当在本地运行程序时,Briareus 可以把 Python 语言编写的实现代码自动地迁移到云平台执行,从而利用云平台的计算资源实现算法的加速。Briareus 架构模型如图 4.2 所示,其实现细节将在本章后面的各节中进行介绍。

Briareus 框架可以分为资源层、控制层和接口层三大部分。资源层和控制层被置于 Briareus 的云端,而接口层大都是了辅助开发工具包,它是本地设备和云端设备交互的接口。云端的资源层和控制层是 Briareus 系统的核心,它给云加速方案提供了自动迁移和算法执行的云资源。在资源层将对硬件资源进行虚拟化操作,它管理服务器集群或虚拟机集群;本层的虚拟化隔离技术可以通过分割操作系统建立若干个应用程序容器,每个容器都可以运行Python 程序实现环境。控制层的通过Python 运行时实现对资源层的控制功能,工作于 PaaS 平台。接口层的开发工具包可以为用户提供把算法中的复杂操作迁移到云端执行的手段。

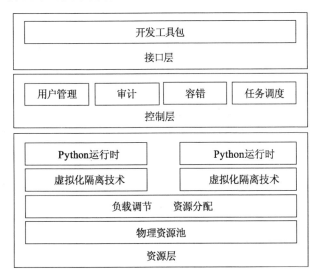

图 4.2 云加速方案 Briareus 架构设计

基于 Briareus 云平台的压缩感知算法加速方案(下面简称"云加速方案")是一个面向 Python 语言实现的压缩感知算法的云加速框架。在该云加速框架中,采集的数据通常以压缩形式(基于压缩感知理论的采样)存放在用户端的存储器中。当需要进行信号重构时,在用户端只需读取采样数据并启动相应的重构算法即可,系统会自动地把计算复杂度不高的一般代码放在本地执行,而复杂的、计算量较大的重构算法被迁移到云端加速。云加速方案的架构设计和执行流程如图 4.3 和图 4.4 所示。

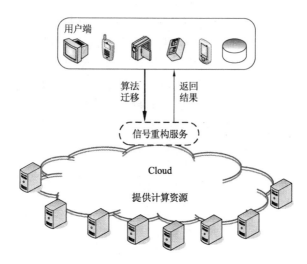

图 4.3 云加速方案 Briareus 架构设计

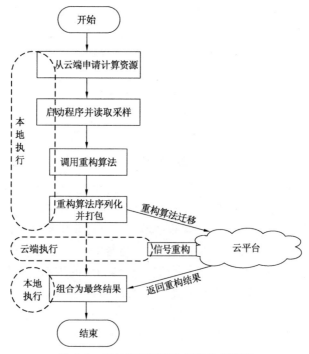

图 4.4 云加速压缩感知算法执行流程

根据图 4.3 和图 4.4 可知,在重构信号时,用户首先应根据自己的需要在云平台申请适量的计算资源,然后在客户端启动程序,在本地读取信号的采样并启动重构算法,后面的操作就不再需要用户的参与了。重构算法一开始执行,就会被连同采样一起迁移到云平台,利用用户预先申请的计算资源执行算法,实现算法的加速服务并最终返回计算结果。这里的计算结果可以是重构的原始信号,也可以是根据重构信号获得的一些结论。

4.3　云加速方案系统设计

4.3.1　总体流程设计

Briareus 框架提供了一种细粒度的系统控制,一次任务迁移对应于一个函数的云端执行,即本地设备通过接口层的开发工具包向 Briareus 云端提交的计算任务是一个个函数实现。

Briareus 框架总体流程在图 4.5 中给出。图中包含开发工具包、用户接口、用户管理、应用管理、任务队列、集群管理、节点管理、工作者共 8 个模块。在这 8 个模块中,开发工具包工作在本地,运行于用户客户端;其余的模块工作在云端,构成 Briareus 的云计算平台。本地的开发工具包可以实现算法的并行化、子任务划分、任务的序列化和算法迁移等,云端的集群管理模块可以根据用户的需求和计算任务的状况,为计算任务分配若干个计算资源,每个计算资源对应于一个或多个计算任务,这里的计算任务含要执行的操作和计算数据。

当一个任务被提交时,该任务一般按照以下步骤被执行:

(1) 用户把一个应用或称计算任务通过用户接口模块提交到任务队列中,任务队列按照优先级的顺序进行任务调度,优先级最高的计算任务将优先获得执行。

(2) 选中的计算任务被发送至集群管理模块,该模块管理各个计算资源(通常称为节点)、实现负载均衡,它根据计算任务的信息和各节点的信息,选择若干个负载较小的计算节点,把计算任务发送至各个选择的计算节点。

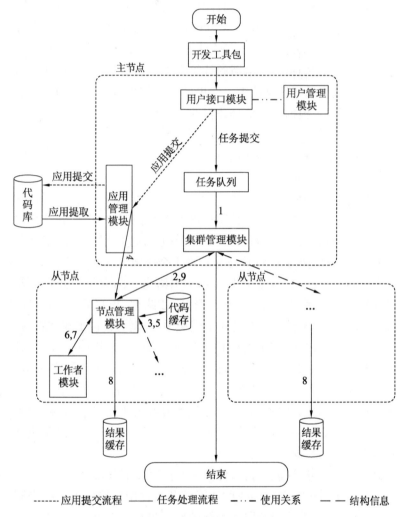

图 4.5　Briareus 总体流程

（3）计算任务到达节点管理模块后，节点管理模块需要先在本地维护的代码缓存中查找程序代码，若找到则转到第（6）步执行，否则转到第（4）步执行。

（4）节点管理模块发送请求至应用管理模块,要求从代码库中计算任务对应的程序代码。

（5）节点管理模块收到来自应用管理模块的程序代码,并把它存储到代码缓存中。

（6）节点管理模块把计算任务和程序代码一起打包并发送给工作者模块。

（7）工作者模块收到打包的计算任务和程序代码,执行相关的计算操作,并把操作的结果返还至节点管理模块。

（8）节点管理模块把收到的计算结果保存至缓存数据库。

（9）节点管理模块向集群管理模块发送任务完成通知,并提交审计的信息。

4.3.2 接口层的设计

（1）开发工具打包流程

Briareus 框架的接口层设计的主要工作是开发工具包的设计,这里是通过提供的 API 接口以 Python 函数装饰器的方式服务于用户。通过这些 API 接口,用户可以忽略与云平台的交互过程,方便地把本地(或称客户端)的一些数迁移到云平台执行,其具体的流程如图 4.6 所示。需要说明的是,图 4.6 中显示出应用和任务的迁移是分开的,应用的迁移主要是指把待迁移函数的执行部分被发送到云端,而任务的迁移是指把函数得参数部分和函数执行上下文迁移到云端,即迁移的是函数运行环境;只有当任务提交之后,应用程序才会在云端正式执行。

Briareus 框架在程序打包迁移过程中需要实现代码序列化,这就需要充分了解编程语言的特征,在这里我们主要针对 Python 语言。通过对 Python 语言的深入研究,设计了针对 Python 应用的打包程序,该打包程序面向的标准版本是 Python 2.7,具体的序列化实现在 4.4.1 小节中详细介绍。

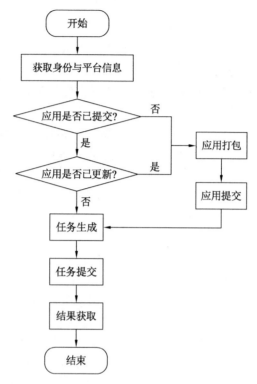

图4.6 开发工具包执行流程

对首次将要迁移到云端的函数,需把待迁移函数的执行部分进行打包,称之为对应用打包,并把打包好的应用提交到云端;然后云端将会为该应用传回一个应用 ID,该 ID 是全局唯一的;接着再把函数的参数部分也打包迁移,提交到云端;最后就是等待云端返回执行结果。对之前迁移过的函数,用户保存有其应用 ID,只需要打包函数的参数部分即可;对更新过的函数,与首次迁移操作相同。图4.6 所示的程序打包迁移流程,主要设计了(2)~(4)三个过程。

(2)应用打包和提交

Briareus 框架中设计的应用程序打包方式参考了开源的Map Reduce 计算框架的打包过程,可以把 Python 应用打包成字节码进行迁移,其打包过程如图4.7 所示。

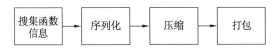

图 4.7　应用打包过程

在图 4.7 所示的应用打包过程,是需要充分了解编程语言的特性,其序列化操作的对象函数的执行部分。在收集函数信息的基础上实现函数执行部分的序列化,然后把序列化的结果打包迁移。与一般的直接打包整个应用程序的方式相比,该打包方法可以降低打包后的数据量,同时也减轻了数据传输的压力。

序列化后的数据经过压缩过程,最后被打包成 JSON 格式的数据,其主要包含表 4.1 所示的 3 个部分。

表 4.1　应用的 JSON 数据格式

关键词	描述
APP_ID	应用程序的 ID
APP_VERSION	应用程序的版本
APP_BODY	函数执行代码的压缩序列

应用的提交即将 JSON 格式的数据文件提交,其操作过程如图 4.8 所示。

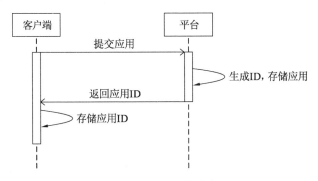

图 4.8　应用提交的时序图

由图 4.8 所示的时序图可知,本地客户端在完成打包应用操作之后,可以通过网络把 JSON 格式表示的应用提交到云端,云端接收到该应用后,会分配一个全局唯一的应用 ID 给该应用,本地客户端会把收到的 ID 保存在缓存之中。

(3)任务的生成与提交

Briareus 框架提交应用之后,应用还不能在云端运行,因为程序的执行还需要有相应的数据,这就必须传递原函数所依赖的相关参数,该传递过程如图 4.9 所示。

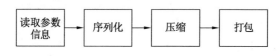

图 4.9　任务打包过程

打包的任务中主要包含了其对应的应用 ID 和运行原函数所需的参数,其格式如表 4.2 所示。

表 4.2　任务的 JSON 数据格式

关键词	描述
APP_ID	应用 ID
TASK_BODY	函数参数或上下文的压缩序列

当任务被提交到云端之后,云端将为任务分配一个全局唯一的任务 ID,并把它发送给本地客户端,这个任务 ID 是用户获取执行结果的凭证。任务提交和获取任务结果的过程如图 4.10 所示。

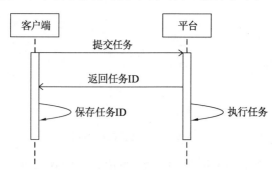

图 4.10　任务提交和执行的时序图

（4）查询并获取结果

应用程序运行结果的获取被设计为异步。由上面(3)中的设计可知,任务提交之后,本地客户端可以从云端得到一个任务 ID,用户凭这个 ID 获取最终结果,其过程如图4.11 所示。

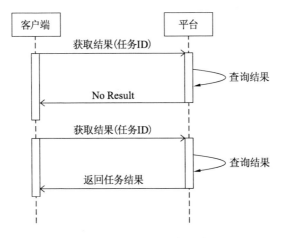

图 4.11　运行结果的获取过程

这里获取的结果,也经历了序列化、压缩和打包的过程,最终在云端被打包为 JSON 格式数据返回客户端,其数据格式如表 4.3 所示。

表 4.3　返回结果的数据格式

关键词	描述
TASK_ID	任务 ID
STATE	运行状态
TASK_RESULT	运行结果

表中的"STATE"运行状态可以取以下三种值:

① SUCCESS:表示程序已成功运行结果。

② ERROR:表示程序运行过程中出现错误。

③ RUNNING:表示程序还未执行结束。

4.3.3 控制层的设计

（1）用户管理

Briareus 框架的用户管理主要是通过身份认证实现的。参考了 OpenStack 中 Swift 的身份认证设计，这里的身份认证由独立的认证系统提供，设置了专门的认证服务器，其认证过程如图 4.12 所示。

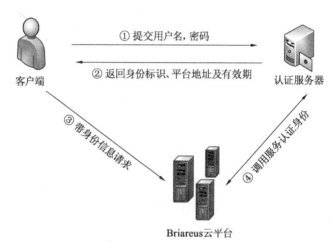

图 4.12　身份认证服务流程

简单来说，用户首先向认证服务器注册用户名和密码，申请成功后把用户名和密码配置到本地客户端；当客户端需要向云端申请服务时，需要提交用户名和密码以向认证服务器验证身份，认证服务器会为用户定制身份标识、平台地址和有效期；接下来用户就可以向云平台发送请求了。在这里，客户端的每一次请求，都需要进行携带身份标识。

为实现上述身份认证过程，Briareus 框架分别为客户端与认证服务器的通信和认证服务器与云平台的通信定义了接口。客户端与认证服务器的通信接口称为 GetToken()，用于用户向认证服务器申请用户身份标识；认证服务器与云平台的通信接口称为 Authentication()，用于认证服务器向云端提供用户身份认证信息，它们的使用如图 4.13 所示。

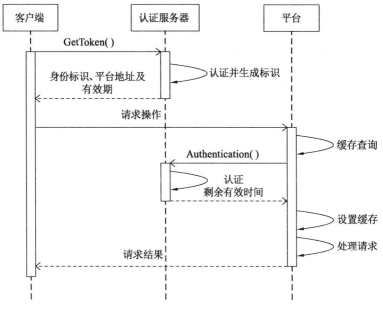

图 4.13 身份认证时序图

（2）容错性

在分布式计算环境中,由于接入系统的计算/存储节点众多,节点失效的已经成为常态,系统的容错性管理已经成为必不可少的一环。云加速方案 Briareus 框架中为保证云计算平台的稳定性,分别设计了面向从节点失效和主节点失效的解决方案。

① 从节点失效问题

与一般地分布式系统相似,Briareus 框架针对从节点失效问题也是采用心跳机制实现的。在云端的系统中,从节点需要定时向主节点发送心跳包,以"报告"当前的运行情况;一旦主节点在一定的时间间隔内没有收到某个从节点的心跳包,就认为其已经失效了。从节点的失效就意味着在其上正在运行的任务丢失,为了维护这些任务,这里的主节点保存了一个从节点运行任务表,任务表中列出了所有从节点当前正在运行的任务信息,其结构如

图 4.14 所示。

从节点1 | Task | Task | Task

从节点2 | Task | Task

⋮

从节点N | Task | Task | Task

图 4.14　主节点维护的从节点运行任务表

这样,当主节点了解到某个从节点失效时就从其保存的任务表中查找该节点上正在运行的任务信息,并把这些任务重新加入任务队列的头部,以供系统优先调度执行,从而实现任务的恢复。

② 主节点失效问题

Briareus 框架针对主节点的失效问题,采用了与一般分布式系统不同的解决办法,它把主节点中保存的集群运行状态信息保存在数据库中,然后利用数据库系统提供的镜像功能进行备份。在 Briareus 框架中,程序被保存在云端代码库中,是共享的,只有每次运行时的数据是变化的,所以只要备份数据就可以备份节点的相关运行状态,这里若把主节点的运行状态和中间数据保存到备份节点即可达到备份主节点的目的。

通过数据库的镜像功能,主节点和备份节点之间可以保持数据同步,即主节点和备份节点将拥有完全相同的运行状态。当主节点失效时,备份主节点将很快监测到失效信息,然后开始取代主节点的地位继续维护系统运行,直到主节点从失效中恢复过来,如图 4.15 所示。

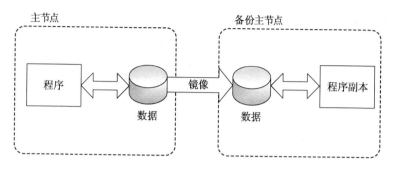

图 4.15　主节点的备份

（3）任务调度

云加速方案 Briareus 框架是支持多租户的，在云端必定存在资源竞争的情况，这就需要考虑任务调度和负载均衡的问题。

Briareus 框架设置了调度器进行任务调度。当任务被提交到云端时是处于"就绪"状态的，此时它被置于任务队列中，由调度器进行管理。当系统中有空闲的工作节点时，调度器便会为自任务队列中选出的任务分配工作节点，并把任务调度到这些节点运行，这时被调度的任务处于"活跃"状态，工作节点完成任务规定的工作后，任务便进入"终止"状态，如图 4.16 所示。

图 4.16　任务在云端的状态变迁

为了实现负载均衡，Briareus 框架设计了具有自适应能力的负载均衡算法，它采用单队列的调度方式，是调度器进行任务调度的依据。为了实现负载均衡调度算法，主节点需要了解从节点的状态，主要是其资源使用情况，这里使用了一种如图 4.17 所示的从节点状态信息表，其中的第三个信息是简略测算的从节点剩余资源还能接受的任务数量。由于 Briareus 框架把虚拟节点的资源量设置为相同的（每个虚拟节点称之为一个计算资源），这里就简化了设计，默认每个节点可以"容纳"的任务数量相同。

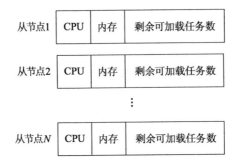

图 4.17 主节点维护的从节点状态表

Briareus 框架下的自适应负载均衡调度算法的执行过程如图 4.18 所示。

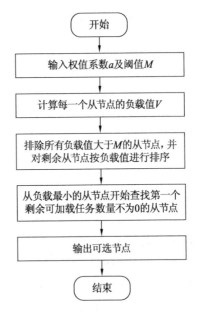

图 4.18 负载均衡调度算法的执行流程

这里的阈值 M 代表了一个节点的最大负载,超过这个阈值,节点将不能再接收新的任务分配;而 V 则可表示为

$$V = a \times CPU \text{ 利用率} + (1-a) \times \text{内存利用率} \qquad (4.1)$$

式中,参数 a 是可调节的,对应于不同的计算任务对 CPU 和内存的不同依赖程度。

4.3.4 资源层的设计

Briareus 框架的资源层设计是基于 Linux Container(LXC)沙箱实现的应用隔离。LXC 是一种操作系统级的沙箱技术,能够虚拟多个容器以实现系统的资源隔离。图 4.19 给出了一个节点的沙箱隔离架构。

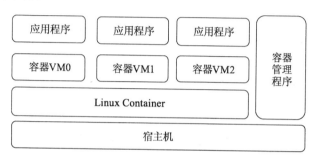

图 4.19　基于 LXC 的沙箱隔离架构

图 4.19 所示的节点以 Linux 为宿主机,构建了基于 LXC 的虚拟环境,可以虚拟多个容器,容器可以运行应用程序进程,它来自于工作者模块,如图 4.20 所示。

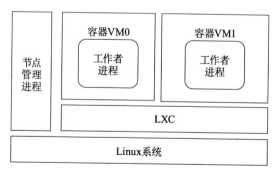

图 4.20　容器与进程的关系

4.4 算法迁移和循环并行化的设计

云加速方案实现的重点在于算法的迁移和循环语句的并行化,将计算复杂度较高的代码迁移到云端可以利用云端提供的大量计算资源,而并行处理是云计算的前提条件。Briareus 框架的算法迁移和循环语句并行化在代码编写时并不需要较多的设计工作,只需要利用已经定义好的标签需要迁移和并行化的代码进行标记即可。

4.4.1 算法迁移

如何将代码从本地迁移到云端呢?云加速方案 Briareus 框架中的做法是基于函数的。在云加速方案中定义了一个叫作"#remote"的标签,如果某个函数被该标签所标记,则这个函数将被自动迁移到云端执行。例如,以下代码中的 Mig 函数在被调用时就会被迁移到云端执行:

```
# remote
def Mig(参数列表):
    函数体
```

基于"#remote"标签的代码迁移过程如图 4.21 所示。

正如 4.3.2 小节中的介绍,函数迁移到云端实现方法有两种:

① 将函数全部打包并发送。这种方法易于实现,但会发送很多冗余信息,增加数据传输负担。

② 将函数对象和变量序列化后打包并发送。这种方法传输的数据量较少,但实现复杂,需要充分了解编程语言特性。

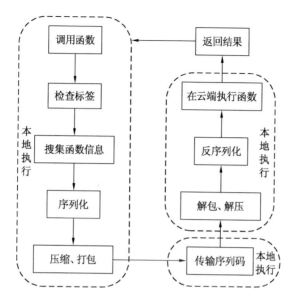

图 4.21　函数迁移过程

Briareus 框架采用第二种方法来实现函数迁移,实现了 Python 语言的序列化,该序列化过程不但序列化函数本身的字节码,还会序列化与之相关的变量、关联函数字节码等所有与函数有关的信息,然后压缩、打包并发送,所以需要深入研究 Python 语言的具体特性。在云端,收到的序列化数据首先会被解包、解压,然后经过一个反序列化的过程得到函数的字节码及其运行环境相关信息,这样就可以将本次函数调用在云端恢复并继续执行,最后得到函数执行结果并返回到用户端。在整个过程中,最关键内容的是函数的序列化的设计和实现。

（1）Briareus 的序列化思想

云加速方案 Briareus 框架面向的是 Python 语言编写的程序,需要实现 Python 函数的序列化。事实上,Python 语言中已内置了简单的序列化工具,主要是 pickle[154] 和 marshal[155] 两个模块。pickle 模块只能用来序列化 Python 语言自带的整数类型、字符串类型、浮点类型等简单结构的对象。marshal 模块虽然能序列化复杂对象,但却只能序列化对象的名字而不能序列化对象的定义;反序列化时,marshal 模块需要在本地环境中根据复杂对象的名字查找复杂的定义。云加速方案的序列化过程是把复杂的操作打包并迁移到云端执行,它不但包括简单对象的序列化,还包括函数、模块、类、字典及列表等复杂对象的序列化。在云端,Python 语言内嵌的序列化模块是无法实现的复杂对象的反序列化的。也就是说,Python 语言本身的序列化模块只能在本地恢复序列化的对象,而不能在云端恢复序列化的全部对象,从而 Briareus 框架需要重新设计序列化的方法。

我们之前已经介绍了 Python 对象的定义,而 Python 函数也是一种对象。与一般的对象相同,函数也有属性,如"_doc_"和"func_code"定义了函数可执行部分的字节码、函数字典"func_dict"定义了函数相关的命名空间、"func_name"定义了函数名,等等。而这些函数属性定义了函数得执行代码和函数运行所需的依赖函数,这些依赖函数可称为其他对象。这样一来,函数的序列化问题,就可以转化为对 func_code、func_defaults、func_closure 和 func_globals 等函数属性的序列化。

（2）Briareus 的序列化实现

为了实现复杂对象的序列化操作,云加速方案设计了 Husky 模块,它除了继承了 pickle 和 marshal 两个模块的功能外,还增加了对复杂对象的支持,这些支持主要包括以下新增模块:

① function_pickle,序列化函数。

② iterable_pickle,序列化列表。

③ module_pickle,序列化模块。

④ type_pickle,序列化类型。

⑤ dict_pickle,序列化字典。

Husky 模块是利用 dumps 和 loads 两个函数实现序列化和反序列化操作的,函数序列化的过程如图 4.22 所示。

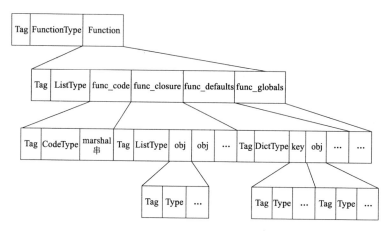

图 4.22 函数序列化过程

以 function＿pickle 为例简单说明复杂对象的序列化设计。在云端要从序列化数据中恢复函数运行,就要知道函数代码及其运行环境,这涉及函数的代码属性 func＿code、自由变量属性 func＿closure、默认参数属性 func＿defaults、全局命名空间属性 func＿globals(包括全局变量和会调用的函数)等。在序列化函数时,只要搜集 func＿code、func＿closure、func＿defaults、func＿globals 等属性的信息并将它们序列化,就相当于完成了函数的序列化过程,其他复杂对象的序列化过程的原理也是如此。

云加速方案的算法迁移是面向函数的,它只会将程序中指定的函数,包括函数代码、运行环境、变量等相关信息,序列化并发送到云端,对于没有说明的普通代码在本地处理,以实现本地资源和云端资源无缝连接。

4.4.2 循环的并行化

如果一个循环可以并行处理,就可以使多个操作同时向前推进,从而加快执行速度,但并非所有的循环都可以并行执行,那些每次循环之间相互依赖的循环是不能够并行化的。为了区分可以并行化、且需要并行化的循环语句,在云加速方案中定义了另外一个标签"#parallelize",只有被这个标签标记的循环语句才会并行处

理。例如,如果有代码

```
#parallelize
for i in [1, 2, …, n]:
        循环体
```

则该 for 循环被并行处理,即该循环同时启动 n 个进程。这 n 个进程可以同时向前推进,实现循环并行处理。

在 Python 语言中,并行化是基于内置的 map 函数实现的。在基于 map 函数的迭代过程中,必须等待前面的迭代全部完成才能调用下一次迭代,即其迭代过程不具有并行能力。云加速方案将代码并行在云上以利用网络中的大量计算核心,需要等待网络中的计算结果。如果迭代过程不能并行处理,就可能失去了云加速的意义。

云加速方案通过将 map 函数重写为 pmap 函数实现复杂操作的并行化,调用 pmap(fun, T) 的意思是用 T 中的每一个元素代入函数 fun 执行。函数 pmap 为每一次 fun 函数的调用启动一个协同程序,该协同程序使所有 fun 的调用都相互独立;pmap 函数还定义了一个继承 list 类的 iterable 类。在协同程序的帮助下,fun 函数的每一次调用都不必等待其他调用的结果,而 iterable 类可以单独保存每一次迭代的结果,从而使迭代过程可以并行化。接下来以 for 语句为例,说明云加速方案中并行处理的实现。

例如,标记了标签"#parallelize"的 for 循环

```
#parallelize
for i in S:
        循环体
```

等价于

```
def ifun(i):
        循环体
pmap(ifun, S)
```

而嵌套的 for 循环

```
#parallelize
for i1 in S1：
    for i2 in S2：
        …
            for in in Sn：
                循环体
```

等价于

```
def ifun(T)：
    p - 循环体
pmap(T, product(S1, S2, …, Sn))
```

这里

$$T = [S1, S2, …, Sn] \tag{4.2}$$

而"p - 循环体"是将原 for 嵌套循环的循环体中的 $i_1 - i_n$ 替换为 T_k 得到的：

$$T_k = Sk \tag{4.3}$$

Python 语言中的循环语句主要有 for 语句、while 语言、list 模式、set 模式和 dict 模式等,除 for 语句以外,其他循环语句的并行化也有类似转换。可并行化的循环,其表示形式是通常是可以相互转化,如 list 列表:

```
[(a, b)：a in[7, 8, 9] & b in[5, 6, 7] & a! =b]
```

其结果为 $[(7, 5), (7, 6), (8, 5), (8, 6), (8, 7), (9, 5), (9, 6), (9, 7)]$,它等价于下面的 for 循环:

```
Sets = []
for a in [7, 8, 9]：
    for b in [5, 6, 7]：
        if a! =b：
            Sets. append((a, b))
Sets
```

其他循环结构的代码转换这里就不再一一说明了。

4.5　算法的改进

云加速方案 Briareus 架构是基于 Python 语言实现并面向 Python 语言应用的,为了简化算法的修改,代码转化、函数迁移、循环语句的并行化翻译等操作都被统一放在 patch 函数中。patch 函数提供了“#parallelize”“#remote”等注释所对应的转换形式,定义了 pmap、iterable 等函数和类,还包含一些辅助功能(如云平台位置的说明、函数序列化和反序列化操作、用于迁移代码的函数 monte_carlo 等),能够帮助算法实现代码转化、函数迁移、并行化循环语句等必须的功能。

为了利用前面的设计功能,实现重构算法的加速,在压缩感知算法中要把 patch 函数添加进来,添加的方法很简单,就是将 patch 函数当作接口直接插入重构算法的首部即可,即在算法代码前增加一行:

> from Briareus import patch; patch(　　)

这里的“Briareus”是云项目的名字,意思是“百手巨人”,我们希望它也能有百手,为更多的用户提供服务。

云加速方案的操作对象是二维信号,信号的重构方式采用按列操作的方法,即把每一列作为一个信号并单独启动重构算法,所有列信号的重构都是相互独立的,可以并行处理。例如,$m \times n$ 压缩感知采样数据将被看作 n 个 $m \times 1$ 的信号采样;当进行信号重构时,调用 n 次重构算法,每一次调用重构采样数据的一列,且这 n 次调用相互独立,可以并行启动、同时向前推进;当 n 个调用全部执行完毕,就完成了整个二维信号的重构。

针对二维信号的这种按列操作的方法,简化算法的设计,比较容易实现,但对非二维的信号需要作一些额外处理。如果需要重构的采样数据来自一维信号 $S: m \times 1$,当 m 比较小时,重构算法本身计算量不大、执行速度也比较快,一般不需要专门对算法加速。当 m 很大时,可以把全长维 m 的信号分割为多个长度为 i 的短信号,然后转化为形如 $S': i \times j$(这里 $m \leqslant i \times j \ \& \ m \geqslant i \times (j-1)$)的信号进行重构,以方便利用云加速方案加速重构算法。如信号 $S: 65\ 536 \times 1$,可以先转化为信号 $S': 256 \times 256$,然后再重构。

如果需要重构的是高维信号,也可以进行一些转化再利用云加速方案重构信号。例如信号 $S: m \times n \times k$,可以将之转化为信号 $S': m \times l$(这里 $l = n \times k$)再重构,这样也可以使用云加速方案进行加速。

根据云加速方案的设计,需要在代码的相应位置增加"#remote"和"#parallelize"两个标签以支持并行化和代码迁移,如在 OMP 算法中添加标签后为

```
# parallelize with cached R
for i in xrange( n ) :
    X[ : , i ] = OMP( Y[ : , i ]. reshape ( ( -1, 1 ) ),
phi, k )

# remote
def OMP( y, phi, k ) :
    函数体
```

在算法代码中添加合适的标签可以实现函数的迁移和循环的并行处理,以缩短算法的执行时间。从代码中可知,在 OMP 算法添加的第一个标签为"#parallelize with cached R",它是"#parallelize"标签的一个变形,它不但要把所标记的 for 循环并行化,还要求在云端保存矩阵 R 的副本。这里的矩阵 R 是就是压缩感知理论介绍时所说的观测矩阵 Φ(Python 语言中没有字符 Φ),矩阵 R 在每一次 OMP 函数调用中都会被用到,如果每次函数调用都传递该矩阵,就会发送 n 个 R 的副本,增加网络通信的压力,所以直接将矩

阵 **R** 预存在云端。

添加的第二个标签是"#remote",很明显,它标记的函数为 OMP。在每次调用 OMP 函数时,检测到函数前面的迁移标签,迁移操作就会被启动。函数的迁移模块会自动搜集函数的相关信息和运行环境,经过一系列的序列化操作后打包并发送到云端;在云端,首先要解包并执行反序列化操作,获取函数调用的相关信息,然后重现运行环境并继续执行算法,最后将重构的信号返回给用户。

经过添加标签,OMP 函数就可以实现基于云的算法加速。基于云加速方案的 OMP 算法重构过程的矩阵表示如图 4.23 所示。

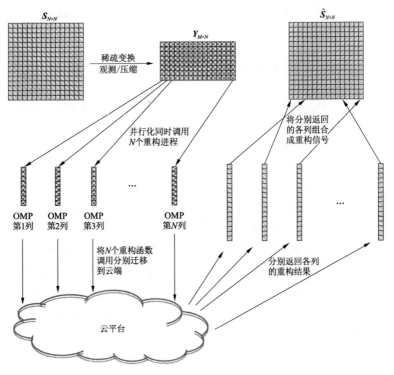

图 4.23　云加速 OMP 算法的矩阵表示

程序在执行过程中,首先执行到 for 循环,因其被"# paralle-lize with cached **R**"标签标记,系统会首先将矩阵 **R** 序列化后发送到云端,然后并行化 for 循环语句;for 语句的循环体其实就是 OMP 函数的调用,也就是说 for 循环语句将同时启动 n 次的 OMP 函数调用,每次函数调用对应于采样数据 **Y** 的一列;在调用 OMP 函数时,系统会发现其已被标记了"#remote"标签,所以将 OMP 函数及其相关联的信息序列化、压缩、打包,然后发送到云端。云端在接收到用户端发送来的数据包后,经过解包、解压缩和反序列化的过程,重新在用户已经申请好的一个计算资源上创建本次 OMP 函数调用的运行环境,并利用预存的矩阵 **R** 重构信号;信号重构完成后,执行的结果被返回给用户端;用户端收集 n 个重构的列信号,把它们重组起来,整个二维信号的重构就完成了。

当前,云加速方案只能够加速 Python 语言编写的压缩感知算法,更多细节可以参考文献[156－157]。

4.6　云加速方案验证

为了验证云加速方案,本节设计了四组实验,分别用于验证方案的正确性、不同数量计算资源的加速效果、方案稳定性和对不同大小信号的加速效果,验证实验使用的算法是在实际应用中应用较多的 OMP 算法。

4.6.1　实验环境

用于验证云加速方案 Briareus 的实验环境可以分为两部分:本地运行环境和云端运行环境。

本地运行环境是基于个人计算机的,设备的主要性能参数为 Intel(R) Core(TM) 2 Quad CPU Q9400 @ 2.66 GHz 及 4 GB 内存,运行 Windows 7 操作系统;开发语言 Python 2.7.3,代码编辑器 Sublime Text 2。在云端,搭建了基于 OpenStack 的云计算平台,它管理着一个服务器集群,集群中每个刀片服务器的性能参数为Intel

Xeon quad-core CPU 2.4 GHz、24 GB RAM、64 bit、1 000 Mbps 网卡，运行 Ubuntu 12.04 服务器版操作系统；开发语言为 Python 2.7.3。在方案设计中，把在云端申请的计算资源称为"tiny VM 实例（virtual machine instances）"，每个实例设计为包含 1 个 CPU 核心和 2 GB RAM，称之为一个计算资源。云端的主节点与从节点之间的通信可以直接通过云平台内部的虚拟网络实现；本地客户端利用 VPN 经公网接到主节点。

用户从云端申请计算资源的界面如图 4.24 所示，而计算资源的管理界面如图 4.25 所示。

图 4.24　云端计算资源的申请界面

图 4.25　云端计算资源的管理界面

图 4.24 给出的是在云端申请计算资源时的操作界面,其中左侧"云主机类型"选项可以指定申请的计算资源类型(云服务类型),其中 m1. small 为压缩感知云加速方案设计的计算资源实例,其基本单位是由 1 个 CPU 核心和 2 GB RAM 组成的,即"tiny VM 实例";"云主机数量"选项显示的是计划申请的计算资源数量,目前该项需要由用户根据自己的需要自行指定;右侧的"方案详情"选项中给出了在当前所选择的云服务类型下,每个计算资源实例所包含的资源详情,这个是由预先定义好的"tiny VM 实例"决定的;"项目"选项主要给出了当前所选择的"tiny VM"类型实例的资源情况,"tiny VM 实例"主要是用于计算的,这里主要给出了实力数量、CPU 核心数量和内存数量,具体包括:

① 计算资源实例的最大数量和已分配的计算资源实例数量;

② CPU 核心的最大数量和已分配的 CPU 核心数量;

③ 内存空间的最大值(单位是 MB)和已分配内存空间的数量。

图 4.25 给出了成功申请 3 个计算资源实例之后的云端的资源管理界面,其中主要列出了以下几点:

① 分配给用户的每个计算资源实例（在这里被称为云主机）的名称,它通常由用户名加上计算资源实例的编号（系统是自动进行编号的）组成。

② 镜像名称,通常概要地给出计算资源实例的系统情况。

③ 分配的计算资源实例的 IP 地址,这里使用的私有地址。

④ 计算资源实例资源类型和为该类型的计算资源实例所配备的资源情况,这里显示的是"1 虚拟核心、2 GB 内存和 4 GB 磁盘,磁盘用来存储需要临时保存的数据。

⑤ 当前的计算资源实例状态。

⑥ 正在运行的任务数。

⑦ 计算资源实例已运行的时间。

在计算任务完成以后,用户还可以全部或部分删除当前已申请的计算资源实例,以降低消费。

基于云加速方案 Briareus 的一次 OMP 算法重构图像成功后的结果如图 4.26 所示,它给出了在云端执行重构操作前后的对比,需要关注的地方都已在图中用"黑底白字"进行了标记。

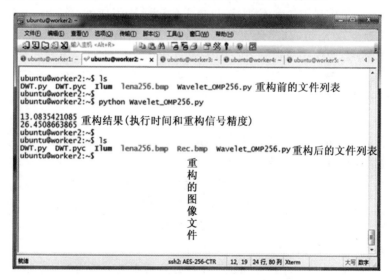

图 4.26 算法在云加速平台成功执行后的结果示例

图中第一个标记的地方给出执行重构操作前文件列表(为了便于观察,文件夹中只保留了重构算法和需要重构的图像);第二个标记的地方给出的是重构算法的执行情况,其中第一行是加速后的算法执行时间(单位是秒),第二行是重构信号的 PSNR 值;第三个标记所对应的行给出了成功执行重构算法后的云端文件列表,列表中第四个标记所对应的图像文件 Rec. bmp 就是重构的图像。

4.6.2　正确性验证

云加速方案 Briareus 是面向二维信号重构算法的。基于 Briareus 架构,复杂的重构算法被从本地迁移到云端执行,本组实验是为了验证算法被迁移到云端执行后并不会影响算法的重构效果。实验中仍然选取图像处理理论中常用的标准测试图像 Lenna、Barbara、Peppers、Boat、Fingerprint 及 MRI,这些图像的大小都是 512×512。

本组实验对比了在本地和云端分别执行 OMP 算法时的 PSNR 值。它代表了重构图像的精度,具体结果如表 4.4 所示。表 4.4 中所给出的数值都是针对测试图像不同压缩比的采样,分别执行 100 次的 OMP 重构算法并记录这 100 次重构结果的 PSNR 值,然后计算出 PSNR 的平均值。该平均值就是本组实验的测试结果。

表 4.4　本地和云端重构图像 PSNR 值比较

图像	代码执行位置	PSNR 值		
		压缩比为 2∶1	压缩比为 3∶1	压缩比为 4∶1
Lenna	本地运行环境	30.070 6	26.611 7	24.346 6
	云端运行环境	30.010 6	26.633 2	24.193 9
Barbara	本地运行环境	26.844 9	22.913 3	20.848 4
	云端运行环境	26.871 4	22.865 6	20.754 8
Peppers	本地运行环境	30.025 0	25.648 7	23.283 0
	云端运行环境	29.834 4	25.877 4	22.823 5

续表

图像	代码执行位置	PSNR 值		
		压缩比为 2 : 1	压缩比为 3 : 1	压缩比为 4 : 1
Boat	本地运行环境	27.111 8	23.751 5	21.771 2
	云端运行环境	27.122 0	23.543 8	21.905 8
Fingerprint	本地运行环境	19.993 9	16.919 2	15.448 8
	云端运行环境	20.087 0	16.854 0	15.556 8
磁共振图像	本地运行环境	30.420 6	25.989 4	22.459 9
	云端运行环境	30.166 9	25.643 5	22.928 1

从表4.4可以看出,OMP算法在本地环境执行和迁移到云端环境执行对重构信号的影响不大,其PSNR值基本相同,一些细微的差别可能仅仅是由稀疏变换基和随机观测矩阵不同造成的。这说明本章所设计的云加速方案能够精确地重构测试图像。

4.6.3　计算资源数量不同时的加速效果

本组实验用于测试当申请的计算资源数量不同时,云加速方案Briareus的加速效果,测试中使用的图像信号是标准图像Lenna。基于云加速方案Briareus,申请的计算资源数量从1变化到16时,对OMP算法的加速效果如图4.27和图4.28所示。

在图4.27和图4.28所示的实验中,对从1增加到16过程中的每个计算资源数量,都是执行100次的OMP算法并记录算法运行时间,然后针对不同计算资源数量的条件求得它们的平均执行时间。其中,"本地"的意思是直接将算法放在一个计算资源上执行,不需要序列化和代码迁移的过程。加速比的定义见式(4.4)。

$$\sigma = T_{local}/T_{cloud} \qquad (4.4)$$

式中,σ 表示加速比;T_{local} 表示算法在本地多次执行求得的平均运行时间;T_{cloud} 是将算法发送到云端执行时的运行时间。

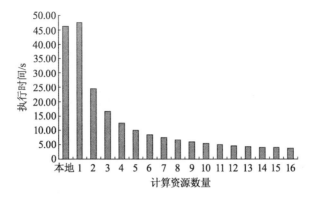

图 4.27　计算资源数量不同时执行时间的比较

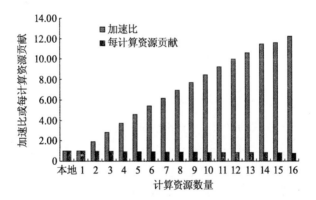

图 4.28　计算资源数量不同时加速比的比较

每计算资源贡献是用于衡量每个计算资源对加速效果的贡献。它的定义为

$$\bar{\sigma} = \sigma / n \tag{4.5}$$

式中,$\bar{\sigma}$ 表示平均每个计算资源对加速比的贡献;n 表示所申请的云计算资源数量。

从图 4.27 和图 4.28 中可知,随着申请的计算资源数量增加,重构算法的执行时间逐渐减少,而加速比逐渐增加,即加速效果越来越好,说明云加速方案是有效的。在这个过程中,每计算资源对加速比的贡献是随着计算资源数量的增加而减少的,这主要是因为随着计算资源的增加,系统的调度和同步的花费逐渐增加所致。

4.6.4 云加速方案的稳定性

稳定性测试实验中使用的图像也是标准图像 Lenna。实验中首先在云端申请了 8 个计算资源,然后执行了 16 次 OMP 算法并分别记录算法运行时间,用这些算法运行时间的差别(见图 4.29)评估云加速方案 Briareus 的稳定性。

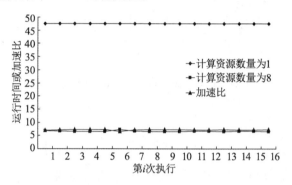

图 4.29 云加速方案的稳定性

图 4.29 中,横轴坐标表示的是第 i 次执行($i = 1, 2, \cdots, 16$),纵轴表示的是每一次重构时的执行时间或计算出来的加速比;计算资源数量为 1 时的执行时间,是申请 1 个计算资源并调用 OMP 算法 16 次后得到的平均值;计算资源数量为 8 时的执行时间,是申请 1 个计算资源后每次调用 OMP 算法得到的运行时间;加速比是计算资源数量为 1 时的平均执行时间和计算资源数量为 8 时每次执行时间的比值。从图 4.29 可以看出,在云加速方案框架下,OMP 算法的执行时间比较稳定,16 次调用中最大相差不超过 0.5 s,8 个计算资源的加速比也是比较稳定有效的,说明云加速方案是能够经受得住外部环境干扰的。

4.6.5 对不同大小信号的加速效果

本节测试重构不同大小信号时,云加速方案的加速效果。本组实验统计了计算资源数量分别为 1、8、16 时,重构 256×256、512×512、$1\,024 \times 1\,024$ 图像信号的平均执行时间,并求得计算资源数量为 8 和 16 时的加速比和每个计算资源对加速比的贡献等。云加速方案对不同大小信号的加速效果如表 4.5 所示。

表 4.5　不同大小信号的加速效果比较

信号大小	计算资源数	执行时间/s	加速比	每资源贡献
256×256	1	47.500 1	1.00	1.00
	8	6.641 5	7.14	0.89
	16	3.702 6	12.57	0.79
512×512	1	455.182 9	1.00	1.00
	8	60.598 2	7.51	0.94
	16	31.377 4	14.51	0.91
1 024×1 024	1	6 056.936 0	1.00	1.00
	8	794.640 0	7.62	0.95
	16	400.856 1	15.11	0.94

从表 4.5 中可以看出,云加速方案对不同大小的信号都有效,只是加速的效果有所不同。当申请的计算资源数量相同时,加速比和每计算资源对加速比的贡献随着信号的增大而逐渐增加,这是因为当信号尺寸比较小时,额外的耗费(如系统调度、算法同步等操作)在执行时间中所占的比例比较大的缘故。

在表 4.5 中也可以发现,云加速方案并没有改变重构时间随信号的增加而以极高的速率增长的特点。

4.7　本章小结

云计算技术为用户提供了一个“按需付费”软件服务平台,它在满足用户对更多计算资源需求的同时,还能够避免用户采购可能“仅用一次”的计算设备,更方便,也更经济。

压缩感知算法的云加速方案 Briareus 是基于 OpenStack 的,它可以为用户提供适量的计算资源,以更快地重构信号。在 Briareus

架构中,设计并实现了开发工具包和代码序列化、对算法执行流程和计算资源分配的控制、资源隔离等,可以方便地实现压缩感知算法的加速。云加速方案 Briareus 在代码编写方面是通过"#parallel-ize""#remote"两个标签和 patch 函数实现算法迁移的标记的,能够在不改动算法的前提下为 Python 语言编写的程序提供云加速服务。实验表明,Briareus 架构能够在保证精确重构信号的前提下有效地提高算法的执行速度。

目前云加速方案 Briareus 中资源的分配只能是预先指定,可以考虑由用户设定信号的重构条件(如用户指定算法执行时间的限制),系统分配符合用户条件的计算资源数量的方法,但这样一来,就需要算法的执行时间具有一定的可预测性。

第5章 一种分块快速压缩感知算法的设计与实现

前面已经介绍了压缩感知算法的并行加速方法,多核加速和云加速技术都能够有效地提高算法的执行速度,但并不能改变算法重构时间以远高于信号规模增长率的速度快速增加。例如,在云加速方案 Briareus 中,信号规模从 512×512 变化到 $1\,024 \times 1\,024$ 时,算法的重构时间增加了 13 倍,其增长率是信号规模的 3 倍还要多。重构时间高速增长,且增长趋势不断扩大,使重构算法的执行时间无法估计。本章从降低重构时间的增长速度和增强重构时间的可预测性的角度展开研究,通过对 OMP 算法的深入分析,设计并实现一种基于联合相关度和块重构理论的分块快速 OMP 算法 BFOMP(Block Fast OMP),该算法能显著降低算法的计算复杂度,且提高了对重构时间的可预估性,为其在云加速方案中的应用奠定了基础。

5.1 OMP 算法的不足及优化

5.1.1 OMP 算法的不足

由于重构算法的高计算复杂度,多数压缩感知的研究还处于理论阶段,而 OMP 算法是少数已在实际中广泛应用的压缩感知算法之一。OMP 算法是一种贪婪类压缩感知算法,易于实现且收敛速度较快,但 OMP 算法也有一些缺陷:

(1)计算复杂度仍然很高。OMP 算法重构一维信号 $s_1 : N \times 1$ 时的计算复杂度为 $O(NK^2)$(设一维信号 s_1 的稀疏度为 K)、重构二维信号 $S_2 : N_{line} \times N_{column}$ 时的计算复杂度达 $O(N_{column} \cdot N_{line} K^2)$

（设二维信号 S_2 的每一列的稀疏度都不超过 K），而且其中涉及大量的矩阵运算。例如，利用 OMP 算法重构 1 024 × 1 024 的图像，重构时间高达 1 000 秒以上。

（2）需要的观测值较多。要高概率重构原始信号，OMP 算法需要的观测值数目为 $cK\ln N$，大于 BP 算法的 $cK\ln(N/K)$。

（3）重构信号的精度较 BP 算法稍低。OMP 算法只能获得局部最优解，重构信号的精度不如 BP 算法。

5.1.2 OMP 算法的优化

根据算法思想，OMP 常被设计为一个独立的函数，该函数的每次调用可以重构一个一维信号。当用 OMP 重构二维信号 S: $N_{line} \times N_{column}$ 时，采用按列重构的方法把每一列作为一个一维信号分别进行重构，若二维信号的所有列都被重构完毕，则得到一个完整的二维重构信号，该过程的计算复杂度达 $O(N_{column} \cdot N_{line} K^2)$。在二维信号的重构过程中，OMP 函数将被调用 N_{column} 次，频繁调用函数将占用较多的算法执行时间，影响算法的性能。提高算法重构二维信号时的执行速度，首先可以考虑对算法进行优化，减少函数的频繁调用，图 5.1 比较了优化前后的 OMP 算法流程。

从图 5.1 中可以看出，通过将循环从函数外部移动到函数内部，重构一个 $N \times N$ 的二维信号时，OMP 算法的函数调用次数从 N 减少到 1，节省了频繁调用函数的时间，从理论上说会降低一定的算法运行时间。对不同大小的相同图像，减少函数调用之后 OMP 算法的重构时间和 PSNR 如表 5.1 所示。

对比表 5.1 和表 3.2 可以看出，减少函数调用后，重构图像的 PSNR 几乎保持不变，但算法的重构时间也仅仅降低了 5% ~ 10%。这主要是由于减少函数调用的设计并没有降低算法的计算复杂度，而同一个函数在连续多次调用时所需要额外的资源和调度并不是很多，即减少函数调用的方法对提高算法的执行速度效果不佳。

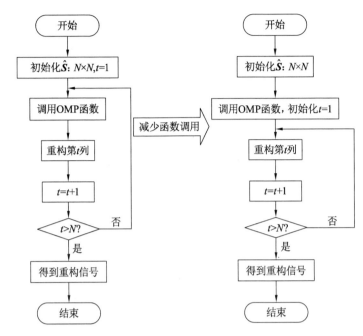

图 5.1 减少函数调用后的 OMP 算法

表 5.1 减少函数调用之后的重构时间和 PSNR

信号长度	重构时间/s	PSNR
128×128	1.09	17.55
256×256	8.50	26.54
512×512	88.33	29.88
1 024×1 024	1 010.57	32.62

5.2 BFOMP 算法设计

尽管存在很多不足,OMP 算法仍是当前应用较多的压缩感知算法,基于 OMP 算法的研究和改进非常多,StOMP、ROMP 等是在 OMP 算法的基础上发展而来的。降低 OMP 算法的计算复杂度,通常需要减少迭代次数和观测值数目;而减少算法的迭代次数和观测值数目又会降低重构信号的精度,这几个方面必须综合考虑。StOMP、ROMP 等算法都是以降低重构精度换取重构时间减少的,且这些改进算法都是针对一维信号重构的,当重构二维信号时,这些算法每次只能重构一列数据。本书中的压缩感知算法研究都是以二维信号(如图像)为操作对象的,快速压缩感知算法的研究也是如此,本章介绍的 BFOMP 也是一个面向二维信号的快速压缩感知算法。

减少重构算法的迭代次数无疑可以降低算法的计算复杂度,这就需要我们在少量的迭代中从观测矩阵选出尽可能多的原子,考虑到重构的对象为二维信号,用选出的原子测量二维信号的多列是一个可以尝试的思路。根据 1.4.1 节和 3.1.1 节中 OMP 算法的算法原理介绍和实际测量可以看出,OMP 算法的重构时间是随着信号规模的增加而以极高的速率增长,而且这个增长速率还在不断增加。从第 3 章和第 4 章的加速效果可知,算法的加速并不能改变重构时间高速增长的趋势,如果能够将信号的大小限定在某一个范围内,就可以缩短信号的重构时间,把需要重构的信号分成多个小块分别重构可以降低算法的计算规模,而且可以根据单个小块的重构时间预估整个信号的重构时间。

为了提高算法的执行速度, BFOMP 算法根据上述的思想对二维信号的 OMP 重构操作做了如下两个方面的改进:

(1)为了降低算法对二维信号重构时的计算复杂度,新定义了整体相关性测量参数 ρ,以对观测矩阵各列(原子)与二维信号的相关性度量取代对观测矩阵各列(原子)与一维信号的相关性度量,减少了算法中相关性度量的次数和迭代次数。

(2)为了降低计算规模和增强重构时间的可预测性,利用分块的方法重构信号。通过精心设计分块大小和算法流程,将一个规模较大的二维信号分割成一个个小块信号分别重构,降低重构算法的计算规模和存储规模。

5.2.1　整体重构设计

（1）整体相关度测量

OMP 算法的计算复杂度主要在于每次迭代中的原子选择（包括其后的优化估计操作），在重构一维信号时，如果在一次迭代中完成多个原子的选择，就可以减少迭代次数，降低算法的计算复杂度，StOMP 算法基于这个思想的 OMP 改进算法。但 OMP 算法每次迭代中的最大相关原子选择是依赖于当前残差的，所以每次迭代选择的多个原子，不能保证是最优的，存在一定的精度损失。我们研究针对二维信号重构的算法，考虑到二维信号的特点，如果在每次迭代中仍保持选择一个最优的原子，而该原子是对二维信号所有列的度量；这样对于二维信号 $S : N_{line} \times N_{column}$ 来说，我们选择的一个原子，就相当于是分别为信号的 N_{column} 列各选择了一个原子，同样也会降低算法的计算复杂度。

根据上述思想，在重构过程中将二维信号作为一个整体来处理，而不是按列分别处理，这时原来的一维信号的相关度测量方法显然不适用于测量二维信号的相关度。为了测量二维信号残差与观测矩阵各列（原子）之间的相关度，就需要定义新的相关度测量参数，称之为二维信号的整体相关度（Whole-Correlation）。

定义 5.1　向量 $\boldsymbol{\alpha} \in \mathbf{R}^{m \times 1}$ 和矩阵 $\boldsymbol{C} \in \mathbf{R}^{m \times n}$ 的整体相关度为

$$\rho = \sum_{i=1}^{n} |<\boldsymbol{\alpha}, \boldsymbol{c}_i>| \tag{5.1}$$

式中，ρ 为整体相关度；$\boldsymbol{c}_i$ 是矩阵 $\boldsymbol{C}$ 的第 i 列。

（2）算法执行过程

有了整体相关度的定义，就可以用来衡量观测矩阵的每一列（原子）与二维信号残差的相关度。基于整体相关度测量的二维信号重构算法，称为快速 OMP 算法 FOMP（Fast OMP），具体流程如图 5.2 所示。

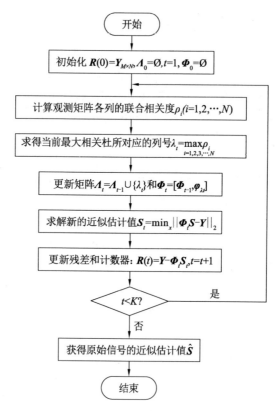

图 5.2　FOMP 算法流程图

FOMP 算法的操作过程在算法 5.1 中描述：

算法 5.1

输入：

观测矩阵 $\boldsymbol{\Phi} \in \mathbf{R}^{M \times N}$；

压缩采样 $\boldsymbol{Y} \in \mathbf{R}^{M \times N}$；

最大迭代次数 K

输出：

重构信号 $\hat{\boldsymbol{S}} \in \mathbf{R}^{N \times N}$

算法过程：

（1）初始化：

① 残差 $\mathbf{R}_0 = Y_{M \times N}$；

② 已选出原子的序号集合 $\boldsymbol{\Lambda}_0 = \emptyset$；

③ 已选择的原子组成的矩阵 $\boldsymbol{\Phi}_0 = \emptyset$；

④ 迭代次数计数器 $t = 1$。

（2）重构信号 $\hat{S}$ 的迭代过程：

① 计算观测矩阵中的原子 $\boldsymbol{\varphi}_i (i = 1, 2, \cdots, N)$ 与当前二维残差 $\mathbf{R}_{t-1}$ 的整体相关度 $\rho_i (i = 1, 2, \cdots, N)$

$$\rho_i = \sum_{j=1}^{N} | < \boldsymbol{\varphi}_i, r(t-1)_j > |$$

② 通过对比 $\rho_i (i = 1, 2, \cdots, N)$，在序号不包含在集合 $\boldsymbol{\Lambda}_{t-1}$ 的原子中选出与当前残差最大相关的原子序号 $\boldsymbol{\lambda}_t$：

$$\boldsymbol{\lambda}_t = \max_{i=1,2,\cdots,N} (\rho_i)$$

③ 把新选择的原子序号 $\boldsymbol{\lambda}_t$ 并入集合 $\boldsymbol{\Lambda}_{t-1}$ 得到 $\boldsymbol{\Lambda}_t$，并把对应原子 $\boldsymbol{\varphi}_{\lambda t}$ 并入集合 $\boldsymbol{\Phi}_{t-1}$ 得到 $\boldsymbol{\Phi}_t$：

$$\boldsymbol{\Lambda}_t = [\boldsymbol{\Lambda}_{t-1}, \boldsymbol{\lambda}_t], \boldsymbol{\Phi}_t = [\boldsymbol{\Phi}_t - 1, \boldsymbol{\varphi}_{\lambda t}]$$

④ 利用 $\boldsymbol{\Phi}_t$ 和最小二乘优化方法得到本次迭代的近似逼近解 S_t，这里的 S_t 是二维的近似逼近信号；

⑤ 更新参数：$\mathbf{R}_t = Y - \boldsymbol{\Phi}_t S_t, n = n + 1$；

⑥ 判断迭代结束条件（即重构精度或最大迭代次数）：满足则结束块 Y_t 的迭代，否则返回 1）继续迭代。

（3）得到二维重构信号 $\hat{S}$。

这里必须明确一点，FOMP 算法面向的是整个二维信号的重构，而不是二维信号的一列；即对于 $S: N \times N$（为了简化说明假设信号的行和列相等），在 FOMP 函数被调用时，直接从采样 $Y: M \times N$ 中求解 $\hat{S}: N \times N$，而不是从采样 $y_i: M \times 1$ 中求解 $\hat{s}_i: N \times 1$。

（3）算法说明和验证

对于二维信号 $S:N \times N$，FOMP 算法利用原子与二维信号之间相关度的测量，选出针对整个信号 S 的最大相关原子，并利用该原子更新矩阵 $\boldsymbol{\Phi}_t$ 及计算信号 S 的近似估计 $S_t:N \times N$，可以直接得到信号 S 的最佳近似逼近解 $\hat{S}:N \times N$，而不是信号 S 某列 $s_i:N \times 1$ 的重构信号 $\hat{s}_i:N \times 1$，从而将迭代次数减少为 OMP 算法的 $1/N$，能够有效地降低计算复杂度。

对信号 $S:N \times N$ 的采样，同样经过了式（3.7）和式（3.9）的感知过程，而对于 S 的每一列 $s_i:N \times 1$ 来说，其采样过程也同式（3.8）和式（3.10）。只要保证式中的稀疏变换基 $\boldsymbol{\Psi}$ 和观测矩阵 $\boldsymbol{\Phi}$ 是线性无关的，每一个列信号 s_i 的稀疏变换基和观测矩阵都没有改变，并不影响重构信号的前提条件，那么所有的列 $s_i(i = 1, 2, \cdots, N)$ 都可以被高概率地重构，也就是 S 可以被精确重构。FOMP 算法的重构操作，仍然保持 OMP 算法的特征，即数值优化方法采用最小二乘法。也就是说，FOMP 算法没有改变 OMP 算法的理论基础。

FOMP 算法与 OMP 算法相比，所不同的是选择的最大相关原子的序列。FOMP 算法的相关度测量针对的是二维信号的全部 N 列，它不能保证对整个二维信号所有列最大相关的原子，对于二维信号的每一列也是最大相关的。例如，整体最大相关序列为(1, 3, 5)，而第 1 列的最大相关序列是(1, 2, 3)、第 2 列的最大相关序列是(3, 4, 5)，……，它们可能会有很多重复，但显然很难是完全相同的。这样一来，重构信号的精度将会受到一定影响。根据压缩感知理论对信号的高概率重构思想，如果二维信号整体最大相关序列中选出的原子能够以较高的概率被二维信号各列的最大相关序列选中，我们就认为 FOMP 算法能够重构原始信号，虽然它不可避免地会损失一些重构精度。

表 5.2 所示是使用相同的稀疏变换矩阵和观测矩阵对同一个原始信号变换、观测和重构时，FOMP 算法选出的所有最大相关原子在 OMP 算法中被各列选中的概率。在测试中，FOMP 和 OMP 算

法所使用的稀疏变换基和观测矩阵都是相同的。

表5.2　FOMP 算法选择的序列在 OMP 算法中被选中的概率

FOMP 算法选择的序列	OMP 算法中的被选次数	选中概率
5	149	0.58
15	127	0.50
29	135	0.53
16	129	0.50
4	141	0.55
14	120	0.47
31	102	0.40
6	149	0.58
13	123	0.48
3	153	0.60
10	119	0.46
1	125	0.49
8	150	0.59
7	149	0.58
18	127	0.50
23	122	0.48
2	120	0.47
12	126	0.49
11	98	0.38
9	128	0.50
25	113	0.44
20	133	0.52
32	130	0.51

FOMP 算法选择的序列	OMP 算法中的被选次数	选中概率
30	116	0.45
17	127	0.50
19	119	0.47
22	129	0.50
27	138	0.54
77	131	0.51
43	113	0.44
21	87	0.34
24	130	0.51

　　表 5.2 中的"FOMP 算法选择的原子序列"给出了 FOMP 算法中选出的最大相关原子序列的所有序号,而"OMP 算法被选中的次数"显示的是对于 FOMP 算法所选中的原子序号,OMP 算法按列重构时被选中的次数。表中的数据是重构一个 256×256 的图像时得到的,所以"OMP 算法被选中的次数"最大值是 256。根据"选中概率"给出的是"OMP 算法被选中的次数"占 256 的比例。从表中给出的数值可以看出,从整体来说,在 FOMP 算法中被选中的原子在 OMP 算法中有约 50% 的可能会被选中,这与我们的设计目标是一致的。

　　FOMP 算法的执行时间如表 5.3 所示。

表 5.3　FOMP 算法的信号重构时间

信号大小	重构时间/s	PSNR
256×256	4.31	23.57
512×512	39.02	27.15
$1\ 024 \times 1\ 024$	490.13	29.37

从表 5.3 和表 5.1 中可以看出,FOMP 算法可以显著降低算法执行时间,幅度可达 50% 以上,但其对算法重构时间随信号规模增大的增长率没有实际效果。

5.2.2　分块重构设计

根据第 3 章和第 4 章的实验结果可知,算法加速不能改变重构时间随信号规模的增加而以高速增加的趋势;FOMP 算法虽然降低了算法的计算复杂度,但同样不能改变重构时间的高速增长趋势,仅仅是两者的起点不同而已。这主要是因为,随着信号规模的增加,算法中使用的稀疏变换基、观测矩阵及其他一些中间参数的规模急剧增加,从而带来了计算量的高速增加。为了简化计算过程,以一维信号 $s_1:256 \times 1$ 和 $s_2:512 \times 1$ 来说明。对于信号 s_1 来说,它的稀疏变换过程和观测过程为

$$s_1 = \mathbf{\Psi\Theta} \tag{5.2}$$

$$Y = \mathbf{\Phi} s_1 \tag{5.3}$$

其中,稀疏变换基 $\mathbf{\Psi}$ 是 256×256 矩阵、观测矩阵 $\mathbf{\Phi}$ 是 $M \times 256$ 矩阵(M 是一个远小于 256 的整数,随压缩比而改变)。而对于信号 s_2 来说,其稀疏变换过程和观测过程

$$s_2 = \mathbf{\Psi\Theta} \tag{5.4}$$

$$Y = \mathbf{\Phi} s_2 \tag{5.5}$$

中所使用的稀疏变换基 $\mathbf{\Psi}$ 是 512×512 矩阵、观测矩阵 $\mathbf{\Phi}$ 是 $M \times 512$ 矩阵(M 是一个远小于 256 的整数,随压缩比而改变)。这就使得处理信号 s_2 所需的存储空间规模和计算空间规模都大幅度地增加,从而使得重构时间也快速增长。

为了降低重构算法所需的存储和计算的规模,将信号的大小保持在一个相对较小的程度是必须的,文献[89,158-162]提出并发展的分块压缩感知理论就是基于这种思想的。基于分块压缩感知理论,在 FOMP 算法的基础上,我们进一步提出了分块快速正交匹配追踪算法 BFOMP,该算法的设计原理如图 5.3 所示。

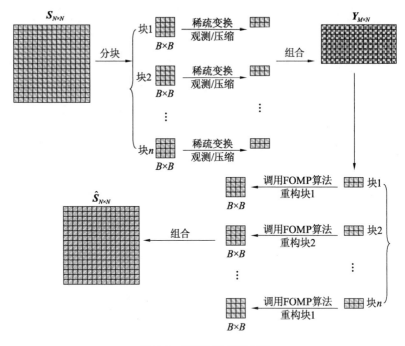

图 5.3　BFOMP 算法原理

在 BFOMP 算法中,原始图像 $S \in \mathbf{R}^{N \times N}$ 被分割成一些大小为 $B \times B$ 的块。在对信号进行稀疏变换操作时,对每一个块信号 $S_i:B \times B$ 使用相同的稀疏变换基进行操作

$$S_i = \boldsymbol{\varPsi}_B \boldsymbol{\varTheta}_i \qquad (5.6)$$

式中,$\boldsymbol{\varPsi}_B:B \times B$、$\boldsymbol{\varTheta}_i:B \times B$、$i = 1,2,\cdots,N^2/B^2$。采样时,对每一个块信号 S_i 使用相同的观测矩阵 $\boldsymbol{\varPhi}_B$ 分别进行采样

$$Y_i = \boldsymbol{\varPhi}_B S_i = \boldsymbol{\varPhi}_B \boldsymbol{\varPsi}_B \boldsymbol{\varTheta}_i = A_B^{CS} \boldsymbol{\varTheta}_i \qquad (5.7)$$

这里的观测矩阵 $\boldsymbol{\varPhi}_B$ 定义为

$$\boldsymbol{\varPhi}_B \in M_{B \times B} \qquad (5.8)$$

式中,$M_{B \times B}$ 为观测数目。

对于整个信号 S 来说,其稀疏变换基 $\boldsymbol{\varPsi}:N \times N$ 和观测矩阵 $\boldsymbol{\varPhi}:M \times N$ 为

$$\boldsymbol{\Psi} = \begin{bmatrix} \boldsymbol{\Psi}_B & & & \\ & \boldsymbol{\Psi}_B & & \\ & & \ddots & \\ & & & \boldsymbol{\Psi}_B \end{bmatrix} \tag{5.9}$$

$$\boldsymbol{\Phi} = \begin{bmatrix} \boldsymbol{\Phi}_B & & & \\ & \boldsymbol{\Phi}_B & & \\ & & \ddots & \\ & & & \boldsymbol{\Phi}_B \end{bmatrix} \tag{5.10}$$

其中,

$$M = M_{B \times k} \tag{5.11}$$

这里,

$$k = N/B \tag{5.12}$$

在上述的设计中需要注意以下几点:

(1) BFOMP 算法中设计的块观测矩阵 $\boldsymbol{\Phi}_B$ 与文献[158]中的块观测矩阵 $\boldsymbol{\Phi}_B \in M_{B \times B^2}$ 是不同的,这是因为文献[158]是将每一个二维的分块拼接成一个一维的数据进行重构的(即列堆积方法),而 BFOMP 算法是对二维分块进行整体重构的。

(2) 在对信号分块时,原始信号边缘的各个分块大小可能不足 $B \times B$,需要将不足的部分的元素填充为 0;当重构完成后,再将这部分的值去掉。

(3) 类似于 $\boldsymbol{\Phi}_B$ 的设计,同样是因为文献[158]使用的列堆积方法处理的信号,BFOMP 算法中的分块大小也不能采用文献[158]中建议的 32×32。根据 2.1.1 小节所示的重构效果,BFOMP 算法将分块大小定义为 256×256,既能保证一定的重构精度,又能以较快的速度执行重构算法,是一个比较合理、可行的设定。

(4) 文献[158]中信号的稀疏化过程是面向整个二维信号,这是因为 32×32 的分块太小,不适合于单独进行稀疏化操作,但面向全长的二维信号的稀疏化所需稀疏变换基也比较大,带来了计算量大幅度增加;BFOMP 算法将每一块的大小设置为 256×256,分块已经比较适合于独立稀疏化了。分块稀疏化可以减小稀疏变换基和观测矩阵的规模,降低计算量,从而缩短算法执行时间。

BFOMP 算法重构信号时,重新将采样 $Y: M \times N$ 看作是一个个大小为 $M_{B \times B}$ 的块采样,对每一块分别利用 FOMP 算法进行重构,然后将重构的各块组合起来,就构成了原始信号的近似逼近信号 $\hat{S}$: $N \times N$。BFOMP 算法(见图 5.4)的执行过程如下:

算法 5.2

输入:

　　块观测矩阵 $\boldsymbol{\Phi}_B \in \mathbf{R}^{B \times B}$;

　　压缩采样 $\boldsymbol{Y} \in \mathbf{R}^{M \times N}$

输出:

　　重构信号 $\hat{S} \in \mathbf{R}^{N \times N}$

算法过程:

(1)分块重构的初始化:

　①把压缩采样 Y 按采样时的设计分块 $Y_i(i = 1,2,\cdots, k)$,其中 k 为分块数量;

　②$t = 1$,t 为块计数器;

　③存放重构信号的参数 $\hat{S}$;

　④最大块数 n。

(2)使用 FOMP 算法(见算法 5.1)重构块 $Y_t(t = 1,2,\cdots,k)$。

(3)更新:

　①把第 t 块重构信号存入 $\hat{S}$;

　②$t = t + 1$。

(4)判断循环结束条件:

　①如果 $t > n$,退出循环;

　②否则,返回(2)继续循环。

(5)返回完整的重构信号 $\hat{S}$。

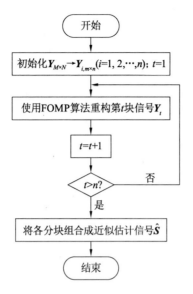

图 5.4　BFOMP 算法流程图

5.2.3　BFOMP 算法的计算复杂度

（1）迭代次数的减少

最初设计的 OMP 算法面向的是形如 $s:N \times 1$ 的一维信号，其计算复杂度为 $O(NK^2)$，这里的 K 为信号 s 的稀疏度。当重构形如 $S:N \times N$（为了方便说明假设信号的行和列相同）的二维信号时，如果采用按列重构的方法，OMP 算法的计算复杂度为

$$O(N \times N(K_1^2 + K_2^2 + \cdots + K_N^2)) = O(N^2(K_1^2 + K_2^2 + \cdots + K_N^2))$$
$$(5.13)$$

这里假设 $K_i(i = 1, 2, \cdots, N)$ 相等或接近，并设

$$K = \max_{i=1,2,\cdots,N}(K_i) \qquad (5.14)$$

则 $O(N^2(K_1^2 + K_2^2 + \cdots + K_N^2))$ 可以记为 $O(N^2K^2)$。

FOMP 算法面向二维信号的整体重构，在每次迭代时选择的原子可以用来度量信号的所有列。对 $S:N \times N$ 来说，FOMP 算法将 OMP 的 N 次循环迭代过程缩减为单个循环迭代过程，所以其算法复杂度为 $O(N \times K^2)$，也就是说，FOMP 算法的计算复杂度只与原始信号的列长度和每一列的最大稀疏度有关。

（2）计算规模的降低

BFOMP 算法通过分块降低重构算法的计算规模,它设计每个分块大小 $B=256$,这样一个分块的计算复杂度为 $O(256K'^2)$, K' 是分块各行的最大稀疏度。假设需要重构的信号仍为 $S:N \times N$,且

$$n = \left[\frac{N}{256}\right] \cdot \left[\frac{N}{256}\right] \tag{5.15}$$

则 BFOMP 算法的计算复杂度为 $O(256nK'^2)$。更进一步地,对于 $S:N \times N$,OMP 和 FOMP 算法中的稀疏变换矩阵为 $\boldsymbol{\Psi}:N \times N$、观测矩阵为 $\boldsymbol{\Phi}:M \times N$;而 BFOMP 算法中的稀疏变换矩阵为 $\boldsymbol{\Psi}:256 \times 256$、观测矩阵为 $\boldsymbol{\Phi}:M \times 256$。也就是说,OMP 和 FOMP 算法中每一次迭代中参与运算的矩阵是以 N 为基本单位的,所以随着 N 的增大,它们的计算时间的增长率将快速增加;而对于 BFOMP 算法来说,其循环迭代中的各种运算都是以 256 为基本单位的,N 增加,也不过是增加了几个以 256 为基本单位的循环,计算时间的增长率理论上可以实现线性增加。

5.3　BFOMP 算法验证

为了验证 BFOMP 算法的有效性和正确性,本节设计并实现了一些实验。与前面的实验设计类似,本节实验中也使用了不同大小（256×256、512×512、1 024×1 024）的 Lenna 图像和大小为 512×512 的 Lenna、Barbara、Peppers、Boat、Fingerprint、MRI 等不同图像,而实验环境与 4.2.2 小节中相同。整个实验分为两个部分,一部分用来测试、对比不同大小 Lenna 图像的重构时间和 PSNR 值;另一部分测试、对比相同大小的、不同图像的重构时间和 PSNR 值。

5.3.1   不同大小图像的重构

本组实验中对比了 FOMP、BFOMP 和 OMP 算法的重构时间和 PSNR 值,如表 5.4 所示。

表 5.4   OMP、FOMP 和 BFOMP 算法的比较

算法	信号大小	重构时间/s	PSNR
OMP	256×256	9.71	26.34
	512×512	95.29	30.07
	$1\,024 \times 1\,024$	1\,120.81	32.03
FOMP	256×256	4.31	23.57
	512×512	39.02	27.15
	$1\,024 \times 1\,024$	490.13	29.37
BFOMP	512×512	16.35	27.07
	$1\,024 \times 1\,024$	66.51	28.99

从表 5.4 中可知,对于相同大小的 Lenna 图像,FOMP 算法的重构时间比原始 OMP 算法缩短了约 60%,而 BFOMP 算法节省的重构时间更是高达 80% 以上;并且 BFOMP 算法的重构时间的增长率已经基本符合线性增长,这可以增强重构算法执行时间的可预估性。FOMP 算法和 BFOMP 算法所重构图像的 PSNR 值仅比 OMP 算法低 2~3 个分贝。与文献[158]中的实验结果相比,BFOMP 算法的重构时间大幅度缩短了(约 40%),而重构精度(PSNR 值)却几乎相等,这说明 BFOMP 算法可以在保证重构信号精度的前提下有效减少重构时间。

图 5.5 给出了大小为 256×256、512×512 和 $1\,024 \times 1\,024$ 的 Lenna 图像的重构视觉效果对比。

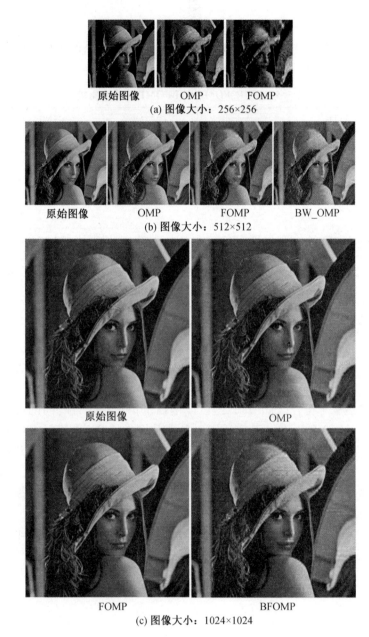

原始图像　　　　　OMP　　　　　FOMP
(a) 图像大小：256×256

原始图像　　　OMP　　　FOMP　　　BW_OMP
(b) 图像大小：512×512

原始图像　　　　　　　　　　OMP

FOMP　　　　　　　　　　BFOMP
(c) 图像大小：1024×1024

图 5.5　OMP、FOMP 和 BFOMP 算法重构图像的效果

从图中可以看出,除了 256×256 的图像基于 FOMP 算法的重构效果稍差外,其他重构图像的视觉效果都是比较清晰和可接受的。图中给出的几幅 BFOMP 算法重构的图像都有一些不是很明显的印痕,这主要是分块后使用小波变换稀疏化的原因。小波变换将图像中大系数集中起来存放,而小系数则分散四周,从而实现稀疏化;当分块后,小波变换将每一块的大系数都集中于本块某一个区域,这就造成整个图像的大系数集中于"分裂"的几个中心(见图 5.6),以这些集中的几个大系数中心为基础重构的图像不可避免地就会存在一些"边界印痕",如何消除这些印痕是 BFOMP 算法下一步的关注点。

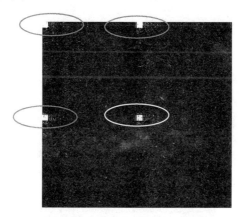

图 5.6　分块小波变换后的图像

5.3.2　不同图像的重构效果

本组实验将测试 BFOMP 算法对不同图像的重构时间和重构效果,测试结果如表 5.5 和图 5.7 所示。

表 5.5　BFOMP 算法对不同图像的重构时间和 PSNR

信号长度	重构时间/s	PSNR
Lenna	16.35	27.07
Barbara	16.10	24.49

续表

信号长度	重构时间/s	PSNR
Peppers	16.74	27.47
Boat	16.48	24.89
Fingerprint	17.07	18.20
MRI	17.35	27.23

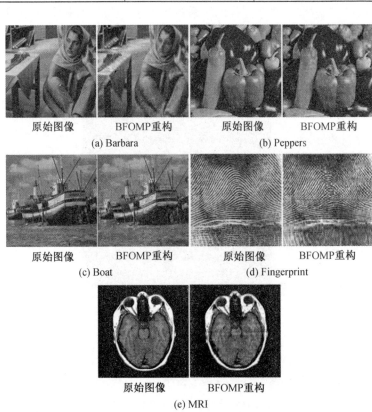

原始图像　　BFOMP重构　　原始图像　　BFOMP重构
(a) Barbara　　　　　　　　　　(b) Peppers

原始图像　　BFOMP重构　　原始图像　　BFOMP重构
(c) Boat　　　　　　　　　　(d) Fingerprint

原始图像　　BFOMP重构
(e) MRI

图5.7　BFOMP算法重构不同图像的效果

　　根据表5.5中给出的重构时间可知,BFOMP算法对相同大小的不同图像的重构时间相差不大,并且不同图像的重构效果与Lenna图像相似。综合考虑表3.3、表5.5和图5.7给出的重构结果可以发现,BFOMP 算法是以少量的重构精度换取重构时间的大幅度降低,同时 256×256 大小的分块重构能有效保证重构图像的精度和视觉效果。

5.4　本章小结

快速重构算法的研究一直都是压缩感知理论研究的热点,本章在实用性较高的正交匹配追踪算法 OMP 的基础,提出并验证了面向二维信号重构的 BFOMP 算法。

BFOMP 算法对 OMP 算法做了两个改进:

(1)操作对象由二维信号的一列变为整个二维信号。为了实现对整个二维信号的残差的度量,定义了一个新的参数——整体相关度,它可以测量原子与二维信号的相关度。利用整体相关度这个参数,直接重构整个二维信号,可以有效地减少算法的迭代次数、降低计算复杂度。

(2)分快重构。通过将信号分块重构可以有效减少观测值和算法的计算规模,把重构时间控制在一定的范围之内,并增强信号重构时间的可预估性。

BFOMP 算法可以在可接受的重构精度前提下,有效地降低重构二维信号的计算规模、大幅度缩短重构时间,实验结果表明,该算法是有效的和可用的。

第6章 物联网中压缩感知方法的应用研究

物联网(Internet of Things，IoT)是 Internet 的拓展和延伸，能够自动获取和处理网络中"物理实体"的信息，实现物物互联。物联网技术已成为当前最热门、最重要的科技词汇之一，被认为是继计算机、互联网、移动通信网络之后又一次信息产业浪潮，是国家战略性新兴产业。在大规模的物联网中，大量"物理实体"的信息采集和交互会源源不断地产生采样数据，这就需要使用同时实现采样和压缩的新型采样技术以减少网络中的数据量，而压缩感知方法正是一种这样的采样方法。本章研究了压缩感知方法在物联网数据采集和处理中的应用，说明了需要解决的问题，并提出基于物联网资源支持压缩感知算法加速的方案。

6.1 海量物联数据的压力

近年来物联网的覆盖范围和应用领域发展非常迅速，已经开始向规模化应用过渡，很多国家、城市、企业或研究机构都建立了各种各样的物联网环境[163-164]。在物联网的发展过程中，遇到了很多问题，而海量采集数据的产生、处理和存储就是其中比较重要的一个。

在大规模的物联网中，通常配置了大量 RFID、二维码、传感器等信息感知系统，这些系统把大量的"物理实体"连接起来，如无锡智慧城市项目中提出的食品溯源概念，为了保证全市数百万人的食品安全需要每天追踪的食品数量高达数千万，这些食品都需要配置各种信息感知系统。物联网是实时通信的动态互联网络，网络中"物理实体"的信息获取和交互都会产生巨大的数据量。例如:据于戈、李芳芳在《物联网中的数据管理》①中的统计,一个采用物联网技术的大型连锁超市系统中,跟踪一千万件商品的信息,假设每天采集10次数据,每次的采样用 100 B 来表示,则一天产生 10 GB 的数据,而1 年的数据量可达 3.65 TB 以上;利用物联网技术构建的一个大型生态监测系统,每天采集的数据将达到 TB 级,而一年内将产生 PB级以上的数据量;对于智能交通系统,由于信息的构成包含大量的图片、视频等,以及信息获取和处理的实时性要求,产生的数据量将更加庞大,如在第 14 届中国国际社会公共安全博览会②,Intel 公司宣称中国中心城市仅交通监控系统每天产生的数据量就已高达6.7 PB。为数众多的数据采集设备源源不断地产生着海量数据,将对物联网的发展和应用带来巨大的压力,主要表现在:

(1)数据处理的压力。海量采集数据的存在,提高了数据计算、存储、查询的成本和难度,需要探索集群、网格、分布式等技术和研究新型数据压缩策略来解决物联网中的海量数据处理问题。

(2)实时处理的压力。物联网中的数据是实时产生的,源源不断海量采集信息对物联网应用,尤其是实时性要求较高的物联网应用(如实时监控系统)的数据处理能力提出较高的要求。

(3)硬件设备的压力。海量采集数据不但对网络的采集、计算和存储等硬件设备性能提出了很高的要求,还缩短了硬件设备的寿命。比如,一个传感器的能量 70% 被信息传输耗费,采集的数据越多、传感器的寿命越短。

6.2 压缩感知和物联网

6.2.1 压缩感知物联网

由于物联网中海量采集数据的压力,需要研究同时实现采样

---

① 于戈,李芳芳. 物联网中的数据管理[J]. 中国计算机学会通讯,2010,6(4):30 – 34。

② 第 14 届中国国际社会公共安全博览会,深圳,2013 年。

和压缩的新型采样方法。压缩感知方法就是能够边采样、边压缩的采样方法，它可以较低的速率对信号进行采样，从"源头"减少采集的数据规模。把压缩感知应用于物联网的信号采样，预期能够减少采集数据的规模，减轻数据传输、处理、存储的压力，提高网络管理的实时性，延长硬件设备的寿命。因为压缩感知方法出现的时间还比较短，新型传感器（采用压缩感知方法采集数据，称为压缩感知传感器）的数量和种类都比较有限，大量传统传感器（依据传统采样定理采集数据）被部署在物联网中，如何实现两种传感器的共存将是其在物联网中应用必须面对的问题，我们提出以下处理方式：

（1）对新型的压缩感知传感器，可以根据应用环境的不同分为不同的种类，每一类设备面向一种信号的应用，预先为每一类设备设计合适稀疏变换基 $\boldsymbol{\varPsi}$ 和观测矩阵 $\boldsymbol{\varPhi}$，并把它们固化在采集设备中。这样一来，压缩感知传感器可以直接从信号中获取压缩的采样数据，然后把得到的压缩采样经过网络传输至数据处理服务器。数据处理服务器可以处理来自新型和传统两种传感器的不同采样并具有较高的计算能力，可以快速处理用户的需求。这样做的好处就是把计算复杂度较高的重构操作放到具有较强计算能力的后台完成，减轻了前端信息采集系统的压力，同时也减少了数据采集设备的数据传输，提高了设备的寿命。

（2）对传统传感器，在前端信息采集系统附近设置专门的中间数据处理机，其功能是用压缩感知算法处理传统传感器的采样。采集设备把获取的冗余采样传输至最近的中间数据处理机，该处理机利用精心选择的观测矩阵 $\boldsymbol{\varPhi}$ 和稀疏变换基 $\boldsymbol{\varPsi}$ 从冗余采样中得到压缩采样；然后将这些处理后的采样数据发送给数据处理服务器，服务器可以较快地完成信号的重构。这样一来，通过缩短传感器的数据传输距离提高设备寿命，而网络中的采集数据主要是压缩采样，也可以减轻数据传输、计算和存储的负担。

利用上述方法，可以将压缩感知传感器和传统传感器统一起来，从而将压缩感知理论引入物联网数据处理，降低采集数据的规模。图 6.1 是引入压缩感知方法的简单物联网示意图。

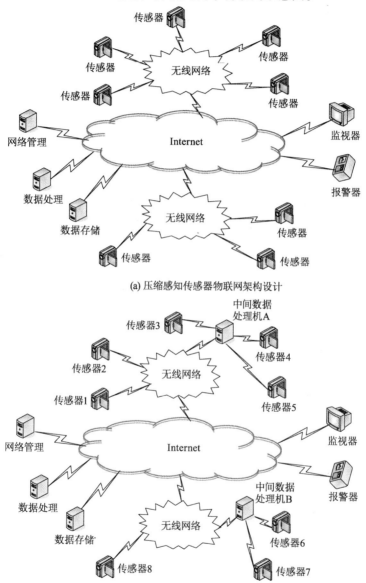

(a) 压缩感知传感器物联网架构设计

(b) 压缩感知传感器和传统传感器混合物联网架构设计

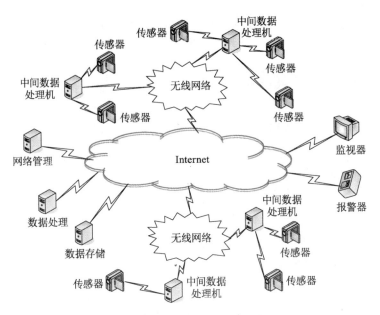

(c) 传统传感器物联网架构设计

图 6.1   压缩感知物联网的简化框架

图 6.1a 所示的物联网中,传感器全都支持压缩感知理论,采集的数据量较少,可以将采样直接发送至数据处理服务器;在数据处理端可以设置一个或多个服务器,负责数据处理、存储并为用户提供服务;根据应用的实际,也可以设置高性能计算设备专门负责压缩感知算法的运行,提高物联网的实时性。图 6.1b 所示的物联网中,传感器一部分支持压缩感知理论而另一部分是传统传感器,支持压缩感知的传感器采取与 6.1a 相同的处理方法;而传统传感器,通过数据处理机对数据压缩后再传输到服务器。图 6.1c 所示的物联网中,传感器都不支持压缩感知,可以通过设置的一个或多个数据处理机首先对采样进行压缩感知变换,然后再进行数据传输。

接下来,以图 6.1b 为例说明压缩感知物联网的数据处理方法和过程。图 6.1b 中,传感器 1、2、8 是压缩感知传感器,传感器 3、4、5、6、7 是传统传感器,传统传感器与无线网络之间还设置了中间数据处理机 A 和 B。压缩感知传感器可以直接获取压缩的采样数据,而传统传感器基于香农－奈奎斯特采样定理采集冗余的采样数据,中间数据处理机可以利用压缩感知方法将冗余的采样数据变换为压缩的采样数据。当传感器 1、2、8 获取采样数据时,由于数据量较少,可以直接通过接入网络传输到数据处理服务器或数据存储服务器;而当传感器 3、4、5、6、7 获取采样数据时,由于得到的是冗余的采样数据,需要先发送到最近的中间数据处理机 A 和 B 进行压缩感知变换,得到压缩的采样数据,然后才能通过接入网络传输至数据处理服务器或数据存储服务器。

通过以上处理,系统最终得到的是压缩的采样数据,这些数据可以在数据服务器被统一存储和处理。当用户需要重构某个信号时,其对应的压缩采样数据被读取出来,然后利用数值优化算法进行重构,最终把重构的信号提供给用户。

6.2.2　混合加速方案设计

引入压缩感知方法,可以通过降低采样率而大幅度减少物联网中的采集数据,减轻采样数据传输、计算及存储的压力,同时可以提高物联网系统的性能及延长传感器的寿命,促进物联网的发展和应用。当然引入压缩感知方法,就必须解决算法的高计算复杂度问题。具有高计算复杂度的算法会增加物联网中数据处理的时间,对物联网尤其是实时性要求比较高的物联网是非常不利的。

物联网中节点的计算能力普遍很差,尤其是嵌入“物理实体”的智能感知设备,为这些节点建立一个动态可伸缩的服务支持平台,对物联网具有重要意义,而云计算平台恰好具备了这种特征。云计算是物联网的基石之一,将二者结合起来可以构成一个集互联、计算、存储的强大服务平台。云加速方案可以基于该平台获取各种计算资源,获得较佳的加速效果。因此,我们在云加速方案的基础上设计了一个可以充分利用物联网资源的混合加速框架。

（1）混合加速方案设计

云加速方案 Briareus 可以利用从云端动态获取的计算资源快速、精确地重构原始信号，但云加速方案 Briareus 也固定了每个计算资源是单 CPU 核心，在方便实现的同时没有考虑物联网中计算资源的多样性。事实上，在物联网中同样会存在一些高性能计算资源，如多核/多 CPU 和 GPGPU 等系统或设备，而当前硬件设备价格的不断下降为高性能计算设备的快速增长带来了福音。根据前面的介绍可知，多核/多 CPU 方法实现简单，仅需要对算法做一些简单的并行化处理就可以实现算法加速；不需要远程传输数据，节省了额外耗费；而且计算资源的利用率通常比较高，加速能力也比较强。GPGPU 系统的计算核心数量都很大，可以同时启动更多的线程，平均每个核心的花费也较低；如 NVIDIA RTX 2080 Ti 就拥有 4 352 个核心，理论上可同时使 4 352 个线程并行执行。

云技术能够很好地利用现有计算资源、提高资源利用率，这使得它在需要更多计算资源时不用追加投资购买新的软硬件资源；多核/多 CPU 方法具有实现简单、高资源利用率的特点；GPGPU 系统的计算资源众多，平均每核心的费用较低。如果能结合上述三种加速方法的优点，在云加速方案中引入多核/多 CPU 和 GPGPU 可以带来加速效果的进一步提升，既可以获取更好的加速效果、节省资金，又可以获得更好的实用效果。

图 6.2 设计了一个基于物联网环境、结合了三种加速方法的压缩感知算法加速框架，可以把物联网中的所有计算资源虚拟化为云资源，如服务器、用户主机、中间数据处理机、各种高性能计算机等可以提供服务的计算和存储资源，从而将云平台构建于整个物联网之上。该框架以云加速方案 Briareus 为基础，支持多核/多 CPU 和 GPGPU 加速方法，可以充分利用物联网中的已有计算资源加速压缩感知算法。

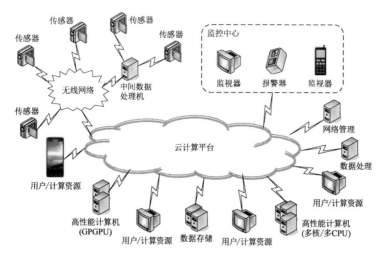

图 6.2　压缩感知物联网混合加速框架

在图 6.2 中给出的数据采集设备中,有三个示例传感器支持压缩感知方法,它们可以直接采集到基于压缩感知的压缩采样;两个示例传感器是传统传感器,它们连接到最近的中间数据处理机上,一般需要先将采集到的数据传送至中间数据处理机变换为基于压缩感知的压缩采样,这个过程一是为了减少网络中的数据量,二是为了统一数据格式以便于处理。在压缩感知物联网工作的过程中,为了获取连入网络的"物理实体"的实时信息,这些传感器源源不断地产生着采集数据,这些数据统一表示为压缩采样后通过无线网络传送到数据存储中心保存。

当有用户申请使用某些采样数据时,被请求的压缩采样将被重构为原始信号。为了提高算法的重构速度,系统将会根据用户提出的重构条件分配适量的计算资源,实现对加速重构算法。这里所说的重构条件,可以是用户申请的计算资源数目,也可以是用户所提出的一些限制性要求,如重构时间长短、重构精度要求等。分配给用户的计算资源可以是一般用户所提供的个人计算机,也可以为用户紧急需求提供的高性能计算设备,如图 6.2 中的多核/多 CPU、GPGPU 等高性能计算资源。

（2）混合加速方案调度流程

在物联网环境中，建立基于云的混合加速框架，能够更加充分地利用物联网中的计算资源，为压缩感知算法提供更好的加速效果，但是这样一来将使系统中的计算资源类型变得复杂，不利于计算资源的分配。为此，需要重新设计计算资源的分配方法及算法流程，图6.3所示是混合加速方案的简单流程图。

通过图6.3所示的流程图可知，当用户申请计算资源时，可以直接指定需要的计算资源的数量和种类，也可以提出重构条件由系统自动分配。分配的计算资源可能是一般用户提供的计算能力，也可能是接入网络的高性能计算设备。如果分配的计算资源中有高性能计算设备的话，就需要使用一些辅助计算方法，这些方法在文献[99－130, 150－157]及第3章、第4章中已经有所介绍。

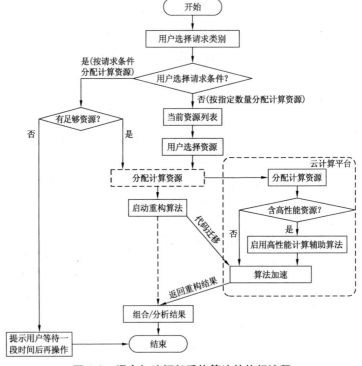

图6.3　混合加速框架重构算法的执行流程

6.3　压缩感知物联网的应用实例——感知城管系统

前面已经介绍了压缩感知方法在物联网中的应用,以及基于云加速方案和物联网资源的压缩感知算法混合加速方案,本节就某市新区感知城管系统说明基于混合加速方案的压缩感知物联网数据处理流程。

6.3.1　基于混合加速方案的感知城管系统

某市新区感知城管系统是在研究"基于数字空间的感知城管"和"基于复杂事件处理的城市管理物联决策预警系统"的基础上,建设的一个基于物联网技术的新型城市管理模式,它提高了管理的效率和效果。该感知城管系统包括监控和数据处理中心、视频监控、作业车辆标准化管理、智管通 PDA 信息管理、生态绿地管理、设施(广告牌)管理、施工工地规范化管理、责任岗监管等子系统共同构建了智能化城市管理体系(见图 6.4)。

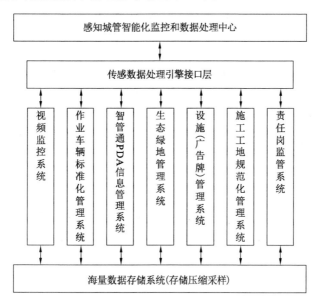

图 6.4　感知城管系统的组成

与很多物联网类似,感知城管系统在运行中也会产生大量的采集信息,需引入压缩感知方法和混合加速方案,图 6.5 给出了其系统架构。

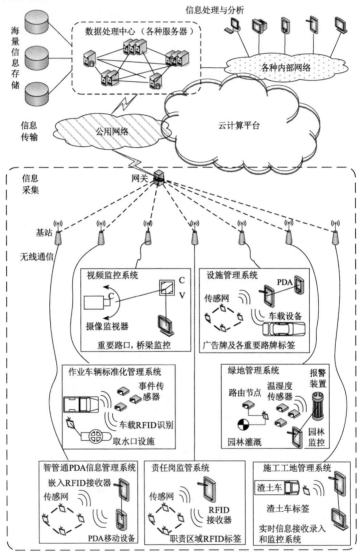

图 6.5　基于混合加速方案的感知城管系统架构

　　图 6.5 所示的感知城管系统架构建立在云平台之上,它把原系统中的所有资源虚拟化为云资源,这些资源包括各种服务器、存储器、个人计算机、高性能计算设备、数据采集和辅助设备,甚至是一部分公网资源,而混合加速方案就是基于这些资源中的各种计算资源的。感知城管系统的数据采集是基于压缩感知采样方法的,即使是传统传感器采集的数据也会经过基于压缩感知的变换过程,这样一来,所有的数据都是以统一的压缩采样形式存储起来,当需要的时候,这些压缩采样被重构为全长的信号,在重构算法执行的过程中,利用云平台提供的计算资源加速算法的执行。接下来,以视频监控和智管通 PDA(Personal Digital Assistant)信息管理两个子系统为例,说明基于压缩感知方法和混合加速方法的物联网数据处理过程。

6.3.2　视频监控子系统的数据处理过程

　　视频监控子系统的主要功能是利用安装的摄像头、照相机等设备实现对重要地点的现场监视,采用先进的复杂事件处理(Complex Event Processing, CEP)技术,适合于 RFID 数据量大、冗余大、不精确等情景。在视频监控系统中,由于信息的构成是大量的图片、视频等信息,以及信息获取和处理的实时性要求,产生的数据量极为庞大,而引入压缩感知方法从数据采集端开始降低数据规模。对压缩感知算法计算复杂度较高的特点,需要对其加速,图 6.6 所示就是引入压缩感知方法和混合加速方案的视频监控子系统(监控中心/数据中心可参考图 6.5 的相关部分)。

　　图 6.6 中的视频监控子系统是建立在云计算平台之上的,系统中的所有资源都可以虚拟化为云资源。在数据采集端,立交桥和桥梁的摄像头、照相机等数据采集设备是压缩感知传感器,而路口的数据采集设备是传统传感器,为传统传感器就近设置了具备数据变换和数据传输功能的中间数据处理机。通常数据采集设备与基站或中间数据处理机之间的通信是通过无线传输,基站或中间处理机与监控中心/数据中心的通信是利用公网传输的。

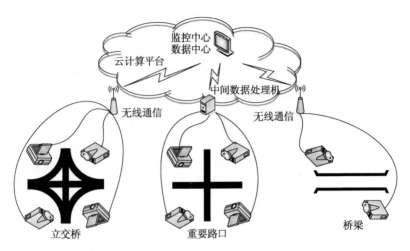

图6.6　基于混合加速方案的视频监控子系统

视频监控子系统利用配置的数据采集设备现场拍摄,然后把采集到的图片、视频等信息(本系统中是压缩采样)通过网络传输至监控和数据中心,监控和数据中心或重构信号以进行现场监控或将信息存储到海量存储器以备查询。因此,压缩感知视频监控子系统的数据处理可以分为信号的压缩采集和信号重构两方面,其中的信号重构通常需要算法的加速。

(1)信号的压缩采集过程

在压缩感知视频监控子系统的数据采集端,可能存在着各种各样的传感器(如摄像机、监视器等),这些传感器包括压缩感知传感器和传统传感器两部分,它们共同完成了压缩感知视频监控子系统的信息获取。对于压缩感知传感器采集的数据,由于数据已经经过了压缩采样过程,数据规模较小,可以直接经过网络发送至服务器。而对于传统传感器获取的冗余采集信息,如直接传送至服务器,会增加网络的通信负担,而且长距离地传输也会加剧传感器的能量消耗,降低传感器的寿命,所以首先将这些数据传送至临近的中间数据处理机;中间数据处理机的主要功能就是接收临近传统传感器的采集信息,并把这些信息经过压缩感知的稀疏变换、感知/压缩过程,得到远少于冗余采集信息的压缩采样,然后再将这些少量的压缩采样经过网络传送至服务器。设置中间数据处理机需要增加一定的投入,但也能带来了以下好处:

① 把传统传感器的冗余采样数据变换为压缩感知形式的压缩采样,统一了两种传感器的采集数据格式,利于应用统一的数据处理方式;

② 缩短了传感器的传输距离,降低了能量消耗,提高了传感器的寿命,这在传感器比较密集的地点是比较有利的;

③ 可以将中间数据处理机也作为一种计算资源,为云环境中的其他服务提供计算能力的支持。

（2）信号重构和算法加速

一般地,压缩感知采样数据通过网络被发送到监控和数据中心,根据需要重构或存储(保存的数据在查询时也需要重构),信号重构就是调用 OMP、BFOMP 等压缩感知算法构建原始信号的近似逼近解。在这里,重构算法的选择通常根据应用的不同而不同,如监控路口是否发生车祸就可以选择重构信号精度稍差、但重构时间极短的 BFOMP 算法;而监控驾驶员是否系安全带就应该选择重构信号精度较高的 OMP 算法了。

由于压缩感知算法的高计算复杂度和视频监控子系统的实时性要求,通常需要加速算法的执行,信号重构的混合加速流程可参考图 6.3。根据用户(包括一般用户和管理人员)提出的应用需求,混合加速系统首先会要求用户提供应用条件,如果一般计算就能满足用户就不会启动加速服务;而一般计算不能满足用户需求时,就进入图 6.3 所示的混合方案加速流程。加速方案中,计算资源的申请方式通常有两种:

① 用户根据系统提供的当前资源列表和应用需求,直接指定申请的计算资源数量和种类,这种方法的好处是用户可以根据计算任务的缓急自主决定申请的计算资源数量、种类等;

② 用户给出应用需求条件(如需要在多长时间内完成、在什么时间之前完成等),系统根据重构算法的执行时间和当前资源列表

分配计算资源,提供加速重构算法的服务。

如果用户选择直接申请计算资源,就可以根据系统给出的计算资源列表,选择适量的计算资源,然后启动重构算法,而重构算法将被分配调度至用户申请的计算资源执行,以实现算法的加速。如果用户申请了高性能计算资源,还需要启动高性能计算方法的支持,如用 GPU 多核计算资源加速 Matlab 编写的算法,通常需要部署 Jacket 工具。

如果用户选择给出需求条件,由系统自动分配计算资源,则混合加速系统首先根据用户条件考查系统的计算资源数量是否满足;如果计算资源数量足够,则先考虑普通计算资源是否能够达到用户要求,若满足要求则分配普通计算资源给用户,否则考虑高性能计算资源,直到满足用户的需求。计算资源分配完毕后,启动重构算法,并利用分配的计算资源加速算法。同样地,如果在资源分配时把高新能计算资源分配给了用户,需要启动高性能计算方法的支持工具。

混合加速方案的计算资源主要来源于感知城管系统的后台支撑系统,但这不是唯一来源,它还可以来自以下两方面:

① 公网一般用户的计算资源。一般用户要查询感知城管系统的信息,就要接入该网络,而且一般用户的计算资源通常空闲的时间都比较长,如果能够利用一般用户的计算资源为混合加速方案提供支持,可以获得较大的计算资源数量,节省硬件设备的投入。

② 云服务公司的计算资源。感知城管系统在某些时间段可能会发生少见的计算量突然增加的情况,为这些需求专门配备硬件资源很不经济,这时就可以临时向提供云服务的公司购买计算服务,减少专门的设备支出。

混合加速方案最终将返回重构的结果,这个结果可能是重构的信号,也可能是根据重构的信号得出的一些结论。

6.3.3 智管通 PDA 信息管理子系统的数据处理过程

智管通 PDA 信息管理子系统是以 PDA 和 RFID 阅读器为基础

的巡查人员辅助工具,可以实现现场信息采集与传送、中心任务调度和信息反馈的接收等,具有问题上报、地图定位、视频拍摄等功能,如图 6.7 所示。

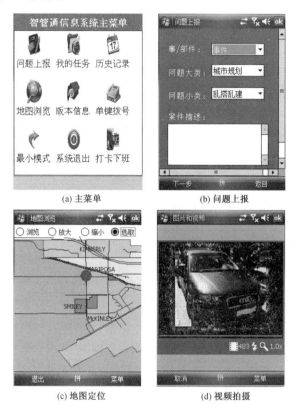

(a) 主菜单　　　　　　　　(b) 问题上报

(c) 地图定位　　　　　　　　(d) 视频拍摄

图 6.7　智管通 PDA 子系统的功能示例

　　与视频监控子系统类似,基于压缩感知方法和混合加速方案也是建立在云计算平台之上的(见图 6.8),它采集的信息主要包括问题上报的信息、中心下达任务时的反馈信息、地图定位产生的信息及采集的视频信息等。PDA 设备所生成的信息到达监控中心或数据中心后,可以进行信号重构、可以进行存储等。智管通 PDA 信息管理子系统的采集信息处理过程与视频监控子系统基本相似。

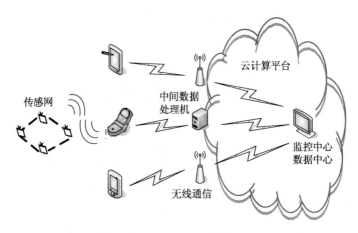

图 6.8   基于混合加速方案的智管通 PDA 子系统

除了生成信息外,智管通 PDA 信息管理子系统还要接收中心任务调度和问题反馈产生的信息,由于移动设备计算资源的性能较低,很难在 PDA 终端执行压缩感知重构算法,所以来自中心的信号通常都是已经完成重构的完整信号。这样做的目的就是为了把复杂的操作尽量在后台完成,以加快信息的处理速度。

6.3.4   子系统之间的协作

感知城管系统中的各个子系统并不是分离的,它们是一个有机协作的系统,如视频监控子系统和智管通 PDA 信息管理子系统。视频监控子系统通常是从现场获取数据,并将数据传送到监控和数据处理中心。这些监控信息在中心被快速重构。中心根据重构信息的分析获取当前各路口、桥梁等地点的情况,一旦发生意外(如交通堵塞、设施损坏等),可以把这些情况作为反馈信息发送给附近的 PDA 巡逻人员,使问题尽快得到控制或解决,其处理过程如图 6.9 所示。

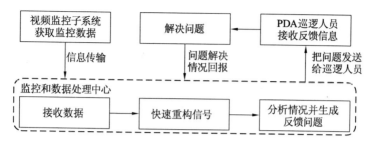

图 6.9 视频监控和 PDA 信息管理子系统之间的协作

基于压缩感知方法和混合加速方案的感知城管其他子系统的信息采集和处理与视频监控子系统和智管通 PDA 信息管理子系统大同小异,此处不再介绍。

6.4 压缩感知物联网的应用实例——在线财务系统

在线财务系统,又称在线会计、网络会计等,是基于互联网操作的财务管理软件,是建立在网络环境基础上的会计信息系统,是电子商务的重要组成部分;它能够以标准会计应用全面实现账务、凭证、报表等远程处理日常会计业务及财务分析,动态会计核算与在线财务管理,随时随地为企业提供专业便捷、协同高效的财务管理服务,改变财务信息的获取与利用方式,使企业会计核算工作走上无纸化的阶段。

在线财务最早采用 ASP(Application Service Provider,应用服务提供商)模式实现在线核算服务,但 ASP 模式无法克服与生俱来的网络传输速度慢、稳定性较差、个性需求无法满足、用户无法选择个性服务等缺点,为此需要运用新型信息技术探索更人性化、更高效的会计服务模式,而云计算技术的出现为其提供了一个扩展方向。

某在线财务系统是在"基于云计算的×××在线财务系统研发与应用扩展"项目研究的基础上,开发的一种基于云计算平台的、提供统一服务平台和在线管理的财务软件,财务数据由软件服务商统一保管到云平台。该软件费用入门低,适合于小型企业。除了技术上的发展之外,该在线财务系统在应用方面也有了很大进步,如基于在线财务系统发展了农民资金互助社管理平台、"7321"楷模战略 PDCA 管理平台、农村集体"三资"信息化管控平台、农村合作社内部信用合作管理系统等,如图 6.10 所示。

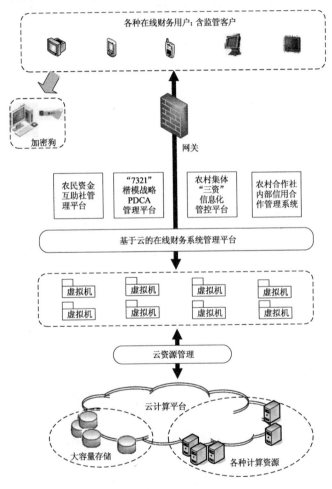

图 6.10　某在线财务系统架构

由于其工作环境的特殊性,某在线财务系统及其发展而来的各个应用系统都需要配置良好的监控模块。为了提高业务安全性,我们为这些应用开发了一套视频监控系统,该监控系统的实现基于物联网和压缩感知技术,其工作模型如图 6.11 所示,系统架构如图 6.12 所示。

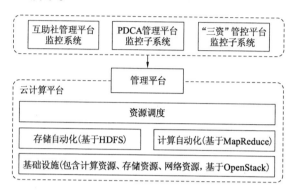

图 6.11 某在线财务系统监控模块工作模型

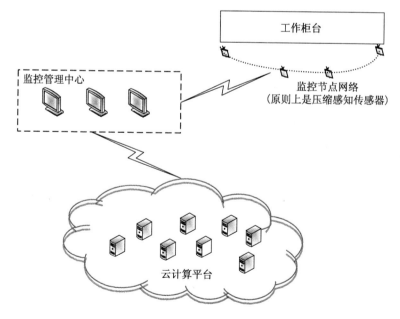

图 6.12 某在线财务系统监控模块系统架构

由图 6.11 和图 6.12 可知,监控系统包含监控前端、监控管理、云计算平台三个部分。

监控前端被部署于各在线财务应用系统的前端,用于对财务工作环境进行监控,一方面可以为财务工作提供安全保障,另一方面可以使管理部分及时了解财务工作的状况。前端节点包括视频传感器、图像传感器、烟雾和温度传感器、报警器等。远期目标是这些传感器都支持压缩感知采样方法(因压缩感知传感器需要特别定制,价格还下不来,目前仅用少量传感器进行测试)。前端节点功能较弱,不具备数据处理的能力,所有采集数据都发送到后台进行处理。

监控系统前端通过管理平台,即监控管理中心实现对监控系统的管理。事实上监控管理中心的作用是"上传下达",它负责把监控前端采集到的数据转发给云平台进行数据分析和存储,并把云平台的数据分析结果进行显示。若通过分析发现异常,监控管理中心将向监控前端发送报警信号并按规定采取进一步行动,比如向相关部门报警。

云计算平台是监控系统的后台,它由虚拟化的各种存储和计算资源构成,可以实现存储自动化和计算自动化。远期目标是移植实现了资源智能分配的 Briareus 框架。当监控前端采集的数据传送过来后,启动相应的算法对数据进行分析;如果是压缩感知采样,还需要首先对信号进行重建,然后对重建的信号进行分析、挖掘。云计算平台可以利用其强大的资源支持能力,为数据分析操作提供良好的加速效果,以保证数据处理的实时性。最终的数据分析结果提交给监控管理中心。

6.5 压缩感知物联网的未来研究展望

在 6.3 节和 6.4 节中所介绍的压缩感知应用主要是利用压缩感知采样方法对物联网中的视频、图像等监控数据进行压缩采样,以降低采样数据的规模。压缩感知在其他方面也有很好的应用前景。

6.5.1 压缩感知与物联网异常事件

在大型的物联网中,大量的节点被安装部署,其中大多数都是低端的无线传感器节点,这些节点的能力有限且容易出错或失效,往往影响网络的正常工作。为了了解物联网中的节点是否正常工作,异常事件检测是一种非常有用且重要的手段,但由于联网的节点较多,传统异常检测方法中需要采集的信息规模通常比较大,其相应数据处理的开销也比较大。

当前,已有很多研究人员开展了基于压缩感知的物联网节点异常事件检测方法研究[165],其实现过程通常如图 6.13 所示。

图 6.13 基于压缩感知的异常事件检测过程

实现过程中,一般利用压缩感知算法针对物联网中的传感器节点进行信息采集,获取节点状态,这些数据在后台服务器被重建,然后利用常规的异常事件检测方法对重建的数据进行分析,最终得到分析结果。

这个研究过程中还存在以下不足:

① 在使用压缩感知方法时,通常假设信号的稀疏性是已知的,没有考虑信号的多样性。

② 没有考虑异常事件,对整个网络实施随机压缩感知采样,没有考虑异常事件产生的局部性特征。

针对这两个问题,可以采用以下方法来改进。

(1)基于分块重建思想

这个思路是利用分块重建的思想,把这个网络分为若干个检测区域,将每个检测区域看作一个数据块,分块的数目就是检测区域的数据,如图 6.14 所示。

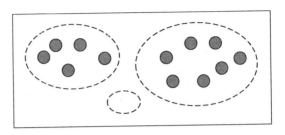

图 6.14　物联网节点分块检测的思想

（2）设置训练集

有了分块的思想，可以根据每一个分块的异常事件产生特点构建训练集，利用训练集对分块的采样数据进行训练、改进、调整，其过程如图 6.15 所示。

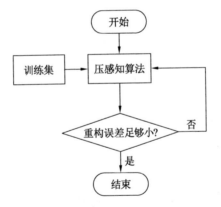

图 6.15　利用训练集辅助分块重构的流程

6.5.2　压缩感知和微波测雨

利用微波技术对降雨进行监控和测量已经发展了很多年，但其实现需要采集大量的数据，这个数据采样率甚至比传统采样定理规定的还要高。图 6.16 所示为利用微波信号衰减的卫星测雨模型[166,167]。该模型可用矩阵表示为

$$
\begin{bmatrix}
l_{11} & l_{12} & \cdots & l_{1N} & -1 \\
l_{21} & l_{2}2 & \cdots & l_{2N} & -1 \\
\vdots & \vdots & & \vdots & \vdots \\
l_{M1} & l_{M2} & \cdots & l_{MN} & -1
\end{bmatrix}
\begin{bmatrix}
a_1 \\ a_2 \\ \vdots \\ a_N \\ C'
\end{bmatrix}
=
\begin{bmatrix}
T_1 \\ T_2 \\ \vdots \\ T_M
\end{bmatrix}
\qquad (6.1)
$$

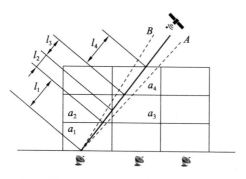

图 6.16　利用雨衰进行降雨测量的模型

　　式（6.1）中的未知量 $\boldsymbol{\alpha}$ 对应于图 6.16 中每个小矩形区域的衰减系数，这个衰减系数称为雨衰，它代表了当前小矩形区域内的降雨量大小。这里，

$$
\boldsymbol{\alpha} =
\begin{bmatrix}
a_1 \\ a_2 \\ \vdots \\ a_N \\ C'
\end{bmatrix}
\qquad (6.2)
$$

而矩阵 $\boldsymbol{T}$ 代表的是信号接收站的采样

$$
\boldsymbol{T} =
\begin{bmatrix}
T_1 \\ T_2 \\ \vdots \\ T_M
\end{bmatrix}
\qquad (6.3)
$$

矩阵 $\boldsymbol{L}$ 表示信号在每个小矩形区域穿过的长度

$$L = \begin{bmatrix} l_{11} & l_{12} & \cdots & l_{1N} & -1 \\ l_{21} & l_{22} & \cdots & l_{2N} & -1 \\ \vdots & \vdots & & \vdots & \vdots \\ l_{M1} & l_{M2} & \cdots & l_{MN} & -1 \end{bmatrix} \qquad (6.4)$$

为了求解 $\boldsymbol{\alpha}$，该模型需要获取足够的数据量，也就是说，需满足 $M \gg N$。在这个求解过程中产生的数据量其至超过了香浓－奈奎斯特采样定理规定的两倍信号最大带宽。比如，根据在文献[166]所给出的结果，图 6.17 所示模型中部署了两个信号接收站，为了求解各小矩形区域的雨衰大小，采用了 2.5 倍信号带宽的采样速率，产生了大量的冗余数据。

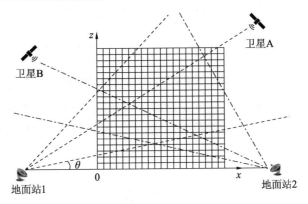

图 6.17　雨场和卫星采样链路模型

事实上，根据式（6.2）至式（6.4），采样公式（6.1）可以表示为

$$\boldsymbol{L} \cdot \boldsymbol{\alpha} = \boldsymbol{T} \qquad (6.5)$$

它与压缩感知采样公式（1.7）完全相同，而且在雨场中，大多数小矩形区域是没有降雨的，或大多数相邻小矩形区域的降雨状况类似，这就为雨场提供了稀疏的或可压缩的前提条件。也就是说，公式（6.1）可以转化为求解式（1.7）所示的压缩感知采样，利用压缩感知理论进行求解。

在 6.5.1 小节和 6.5.2 小节中所给出的压缩感知应用研究，我们也是刚刚展开，自适应观测矩阵和稀疏变换基的设计、合适的算法选择和设计都是其中研究的难点所在。除此之外,压缩感知在物联网中的应用还有很多研究,如针对心电信号的压缩采样、煤矿物联网感知节点的压缩采样设计、船舶信息中心物联网信息采集等,可以说,压缩感知新型采样方法在物联网中将有可期望的应用前景。

6.6　本章小结

本章研究了物联网的海量采集数据的压力,提出将压缩感知方法引入物联网的数据采集和处理中,从数据采集端减少采集的数据量,以降低网络的通信压力。本章还设计了基于物联网资源和云技术的混合加速方案,该混合加速方案主要目标是充分利用物联网中现有的计算资源,在用压缩感知方法降低物联网中采集数据规模的同时,获得更快的算法运算速度;然后以某市新区感知城管系统和某在线财务为例说明了混合加速方案的数据处理过程,其中重点说明了监控系统的数据采集和处理,以及不同子系统之间的交互问题;最后,介绍了我们正在进行的压缩感知在物联网中的新应用研究,为研究人员展开新的研究提供参考。

第 7 章　总结与展望

7.1　研究总结

随着信息化进程的推进,人类活动产生的信息量快速增加,使得携带信息的信号带宽越来越宽,而传统的香浓－奈奎斯特采样定理要求必须以不低于信号最高带宽 2 倍的速率进行采样,使得采样速率和处理速度越来越高,而硬件性能的增长速度远远赶不上需求,以至于宽带信号的处理难度越来越大。2006 年出现的压缩感知方法指明了降低信号采样速率的方向。

压缩感知被称为信息科学近年来最重大的研究成果,它突破了传统采样定理的规定,可以以低于 2 倍信号带宽的速率对信号采样,并能够从少量的采样值中精确重构全长信号。根据压缩感知理论,信号的重构操作通过求解具有较高计算复杂度数值优化问题实现;为了提高算法的执行速度,就需要研究快速压缩感知方法及其算法的加速。当前快速压缩感知算法都是以增加观测值数目(即降低压缩比)或降低重构信号的精度来换取缩短重构时间的,很难说其通用性;而算法的加速就是用更好或更多的计算资源加快算法的执行,提高算法重建的速度,能够不增加观测值数目且不降低重构精度,而计算资源价格的不断下降和高性能计算资源的开始普及,为获得更好的加速效果奠定了良好的基础。

本书从提高压缩感知方法的可用性出发,首先研究了压缩感知算法的加速、并行计算技术、云计算技术等,实现了算法的并行化、算法的多核加速和云加速;接着研究了以少量重构 精度为代价降低算法计算复杂度的方法,提出了重构速度较快、重构时间可预估的分块快速 OMP 算法 BFOMP;最后研究了压缩感知方法在物联网中的应用。在研究过程中,解决的主要问题和取得的主要成果如下:

(1)压缩感知方法的信号重构操作具有较高的计算复杂度,目前快速算法的研究都是以增加观测值的数目或降低重构信号的精度实现的。为了在保持低观测值数目和保证观测值精度的前提下缩短算法的重构时间,本书第 3 章研究了并行计算技术和压缩感知算法的加速,提出面向二维信号的并行重构算法思想,设计并实现了典型压缩感知算法的多核(CPU 和 GPU)并行加速,并行压缩感知算法对二维信号采用按列分别处理的方式重构信号,而不是一般列堆积的方式一次重构。该重构方式需要多次执行重构算法才能完成对整个信号的重构,易于实现且执行速度很快,便于算法的并行化。为了实现 Python 语言的复杂并行化,将内置的 map 函数重写为 pmap 函数,利用一个继承了 list 类的新类实现了迭代等复杂操作的并行处理。实验结果表明,当信号较大时,并行压缩感知算法执行速度较快、加速效果效果良好。

(2)云计算是一个热门的名词,可以基于网络提供按需分配计算资源的服务,避免用户购买一些可能"仅用一次"的软硬件资源。它是计算服务的未来方向。为了获得更多的计算资源加速压缩感知算法,本书第 4 章在并行化的基础上提出并实现了一个基于云的压缩感知算法加速方案。云加速方案在 OpenStack 平台之上建立了一个云服务架构,该架构是面向 Python 语言的,可以很容易地加速 Python 语言编写压缩感知算法。在云加速方案中,实现了开发工具包设计和用户管理、资源控制等功能,定义了"#parallelize"和"#remote"两个标签:"#parallelize"标签用于实现算法的并行化,"#remote"用于实现函数向云端的迁移;解决了代码并行化的自动翻译、算法向云端迁移、本地和云端执行同步等问题。对可并行化的 Python 语言算法,仅需要在算法中增加几个新定义的接口及插入一些描述性的注释,就可以利用云加速方案的设计,从云端获取适量的计算资源实现算法的加速。

（3）加速可以降低算法执行时间，但不能改变压缩感知算法的重构时间随信号增大而高速增长的趋势。为了降低算法重构时间的增长率，本书第5章深入研究了正交匹配追踪算法（Orthogonal Matching Pursuit，OMP），基于对二维信号的整体相关性度量和分快重构理论提出了针对二维信号的分块快速 OMP 算法 BFOMP（Block Fast OMP）。BFOMP 算法基于二维信号整体重构思想，以观测矩阵与二维残差之间的相关性测量代替观测矩阵与一维残差之间的相关性测量，大幅度地减少了迭代次数，降低了算法的计算复杂度；同时引入分快重构的方法，重新设计分块大小和稀疏变换基，将一个较大的二维信号分成小块分别重构，在不增加观测值数目的前提下，降低重构规模、缩短执行时间，还可以通过单个小块的执行速度预估整个二维信号的重构时间，增强了重构时间的可预估性。

（4）物联网已被世界主要经济体列为振兴经济的战略性新产业。在大规模物联网中，接入的"物理实体"源源不断地产生海量采集信息。为了降低物联网中采集数据的规模，本书第6章提出引入压缩感知方法与物联网数据采集和处理中，设计了简化的基于压缩感知方法的物联网结构模型，研究了基于云加速方案和物联网资源的混合加速方案，能够充分利用物联网中的资源执行算法。在第6章中还以某市新区感知城管统和某在线财务系统为例说明了混合加速方案的运行，并指出了当前正在进行的相关研究。

7.2　下一步工作

本书虽然在压缩感知算法并行化、算法加速方法、快速算法及压缩感知方法在物联网中的应用等方面都取得了一定的研究成果，但依然存在诸多不足，有待于继续投入精力深入研究，主要体现在以下方面：

（1）云加速方案已经实现了按需提供计算资源的云服务。由于在序列化过程中需要充分了解语言的特性,该方案目前仅能加速 Python 语言编写的算法,接下来需要研究并实现其他语言的支持。云加速方案对一些复杂应用提供的支持还不够,例如用户需要的服务不再是重构的信号,而是更进一步依据重构信号得出的结论。如何将信号重构与实际应用结合起来,实现提供计算环境的高层次服务是下一步的研究重点。

(2)BFOMP 算法可以大幅度降低算法的计算复杂度,有效提高算法的执行速度,能够在不增加观测值数目的前提下快速重构信号,但也存在着与其他快速压缩感知算法同样的计算精度降低的问题,如何在保证快速重构的前提下,尽可能提高重构信号的精度是下一步需要考虑的问题。

(3)正如 6.5 节中的介绍,压缩感知方法在蓬勃发展的物联网中有可期望的应用前景,应用的拓展也是一个研究角度。

参考文献

[1] Shannon C E. Communication in the presence of noise [J]. Proceedings of the IEEE, 1998, 86(2): 447 –457

[2] Nyquist H. Certain topics in telegraph transmission theory [J]. Proceedings of the IEEE, 2002, 90(2): 280 –305

[3] Trzasko J, Manduca A. Highly undersampled magnetic resonance image reconstruction via homotopic ℓ_0-minimization [J]. IEEE transactions on medical imaging, 2009, 28 (1): 106 – 121

[4] Hore P J. NMR: the toolkit: how pulse sequences work [M]. USA: Oxford university press, 2015: 3 – 10

[5] Aslam N, Pfender M, Neumann P, et al. Nanoscale nuclear magnetic resonance with chemical resolution [J]. Science, 2017, 357(6346): 67 –71

[6] Liu S, Sang S, Wang G, et al. FIB – SEM and X – ray CT characterization of interconnected pores in high-rank coal formed from regional metamorphism [J]. Journal of petroleum science and engineering, 2017, 148: 21 –31

[7] Lubner M G, Pickhardt P J, Tang J, et al. Reduced image noise at low-dose multidetector CT of the abdomen with prior image constrained compressed sensing algorithm [J]. Radiology, 2011, 260(1): 248 –256

[8] 赵尚弘, 吴继礼, 李勇军, 等. 卫星激光通信现状与发展趋势 [J]. 激光与光电子学进展, 2011, 48(9): 28 –42

［9］ Rahmat-Samii Y, Densmore A C. Technology trends and chal-
lenges of antennas for satellite communication systems ［J］.
IEEE transactions on antennas and propagation, 2015, 63(4):
1191 - 1204

［10］ 葛利嘉, 朱林, 袁晓芳, 等. 超宽带无线电基础［M］. 北京:
电子工业出版社, 2005: 1 - 10

［11］ Reinsel D, Gantz J F, Rydning J. IDC: data age 2025: 世界的
数字化——从边缘到核心［EB/OL］. ［2018 - 11］. https://
www. seagate. com/cn/zh/our - story/data - age - 2025/

［12］ Reinsel D, 武连峰, Gantz J F, 等. IDC: 2025 年中国将拥有
全球最大的数据圈［EB/OL］. ［2019 - 02 - 14］. http://se-
curity. asmag. com. cn/news/201902/97598. html

［13］ Donoho D L. Compressed sensing［J］. IEEE transactions on in-
formation theory, 2006, 52(4): 1289 - 1306

［14］ Baraniuk R G. Compressive sensing［J］. IEEE signal process-
ing magazine, 2007, 24(4): 118 - 120, 124

［15］ Candès E J. The restricted isometry property and its implications
for compressed sensing ［J］. Comptes rendus mathematique,
2008, 346(9 - 10): 588 - 592

［16］ 郭金库, 刘光斌, 余志勇, 等. 信号稀疏表示理论及其应用
［M］. 北京: 科学出版社, 2013: 22 - 34

［17］ kaèin B S. Diameters of some finite-dimensional sets and classes
of smooth functions ［J］. Mathematics of the USSR-izvestiya,
1977, 11(2): 317 - 333

［18］ Eldar Y C, Kutyniok G. Compressed sensing: theory and applica-
tions ［M］. Cambridge:Cambridge university press,2012:20 - 25

［19］ Chartrand R, Staneva V. Restricted isometry properties and non-
convex compressive sensing ［J］. Inverse problems, 2008, 24
(035020): 1 - 14

［20］ Mackenzie D. Compressed sensing makes every pixel count ［J］.

What's happening in the mathematical sciences, 2009, 7: 114-127

[21] Chen S S, Donoho D L, Saunders M A. Atomic decomposition by basis pursuit [J]. SIAM review, 2001, 43(1): 129-159

[22] Donoho D L. For most large underdetermined systems of linear equations the minimal ℓ_1-norm solution is also the sparsest solution [J]. Communications on pure and applied mathematics, 2006, 59(6): 797-829

[23] Tropp J A, Gilbert A C. Signal recovery from random measurements via orthogonal matching pursuit [J]. IEEE transactions on information theory, 2007, 53(12): 4655-4666

[24] Elad M. Sparse and redundant representations: from theory to applications in signal and image processing [M]. New York: Springer science + Business media, 2010: 5-6

[25] Davies M E, Eldar Y C. Rank awareness in joint sparse recovery [J]. IEEE transactions on information theory, 2012, 58(2): 1135-1146

[26] Baraniuk R G, Cevher V, Duarte M F, et al. Model-based compressive sensing [J]. IEEE transactions on information theory, 2010, 56(4): 1982-2001

[27] Baraniuk R G, Davenport M A, Devore R, et al. A simple proof of the restricted isometry property for random matrices [J]. Constructive approximation, 2008, 28(3): 253-263

[28] Cai T T, Wang L, Xu G. New bounds for restricted isometry constants [J]. IEEE transactions on information theory, 2010, 56(9): 4388-4394

[29] Candès E J, Wakin M B. An introduction to compressive sampling [J]. IEEE signal processing magazine, 2008, 25(2): 21-30

[30] 戴琼海, 付长军, 季向阳. 压缩感知研究[J]. 计算机学报, 2011, 34(3): 425-434

[31] 焦李成, 杨淑媛, 刘芳, 等. 压缩感知回顾与展望[J]. 电子

学报, 2011, 39(7): 1651 – 1662

[32] Needell D, Vershynin R. Signal recovery from incomplete and inaccurate measurements via regularized orthogonal matching pursuit [J]. IEEE journal of selected topics in signal processing, 2010, 4(2): 310 – 316

[33] Varadarajan B, Khudanpur S, Tran T D. Stepwise optimal subspace pursuit for improving sparse recovery [J]. IEEE signal processing letters, 2011, 18(1): 27 – 30

[34] Figueired M A T, Nowak R D, Wright S J. Gradient projection for sparse reconstruction: application to compressed sensing and other inverse problems [J]. IEEE journal on selected topics in signal processing, 2007, 1(4): 586 – 597

[35] Fornasier M, Rauhut H. Iterative thresholding algorithms [J]. Applied and computational harmonic analysis, 2008, 25(2): 187 – 208

[36] La C, Do M N. Tree-based orthogonal matching pursuit algorithm for signal reconstruction//Hayes M. Proceedings of the 2006 IEEE international conference on image processing, Atlanta, USA, Oct. 8 – 11, 2006[C]. Danvers, USA: IEEE Signal processing society Inc. , 2006: 1277 – 1280

[37] Donoho D L, Tsaig Y, Drori I, et al. Sparse solution of underdetermined systems linear equations by stagewise orthogonal matching pursuit [J]. IEEE transactions on information theory, 2012, 58(2): 1094 – 1121

[38] Needell D, Vershynin R. Signal recovery from incomplete and inaccurate measurements via regularized orthogonal matching pursuit [J]. IEEE journal of selected topics in signal processing, 2010, 4(2): 310 – 316

[39] Varadarajan B, Khudanpur S, Tran T D. Stepwise optimal subspace pursuit for improving sparse recovery [J]. IEEE signal

processing letters, 2011, 18(1): 27 – 30

[40] Gilbert A C, Strauss M J, Tropp J A, et al. Algorithmic linear dimension reduction in the l_ 1 norm for sparse vectors//Proceedings of the 44th annual Allerton conference on communication, control and computing, Monticello, USA, Sep. 27 – 29, 2006 [C]. Trier, German: DBLP, 2006, 3: 1411 – 1418

[41] Zou J, Gilbert A C, Strauss M J, et al. Theoretical and experimental analysis of a randomized algorithm for sparse Fourier transform analysis [J]. Journal of computational physics, 2006, 211(2): 572 – 595

[42] Gilbert A C, Strauss M J, Tropp J A, et al. One sketch for all: fast algorithms for compressed sensing//Proceedings of the 39th annual ACM symposium on theory of computing, San Diego, USA, June 11 – 13, 2007 [C]. New York, USA: ACM, 2007: 237 – 246.

[43] Candès E J, Tao T. Near-optimal signal recovery from random projections: universal encoding strategies [J]. IEEE transactions on information theory, 2006, 52(12): 5406 – 5425

[44] Peyrè G. Best basis compressed sensing [J]. IEEE transactions on signal processing, 2010, 58(5): 2613 – 2622

[45] 邵文泽, 韦志辉. 压缩感知基本理论: 回顾与展望[J]. 中国图象图形学报, 2012, 17(1): 1 – 12

[46] Candès E J, Eldar Y C, Needell D, et al. Compressed sensing with coherent and redundant dictionaries [J]. Applied and computational harmonic analysis, 2011, 31(1): 59 – 73

[47] Skretting K, Engan K. Recursive least squares dictionary learning algorithm [J]. IEEE transactions on signal processing, 2010, 58(4): 2121 – 2130

[48] Ruvolo P, Eaton E. Online multi-task learning based on K – SVD//The workshop on theoretically grounded transfer learning

of the 30th international conference on machine learning, Atlanta, USA, June 16 – 21, 2013 [C/OL]. https://cs. brynmawr. edu/ ~ eeaton/papers/Ruvolo2013Online. pdf

[49] Rawat N, Kim B, Kumar R. Fast digital image encryption based on compressive sensing using structurally random matrices and Arnold transform technique [J]. Optik,2016,127(4): 2282 –2286

[50] Boyer C, Bigot J, Weiss P. Compressed sensing with structured sparsity and structured acquisition [J]. Applied and computational harmonic analysis, 2019, 46(2): 312 –350

[51] Duarte-Carvajalino J M, Sapiro G. Learning to sense sparse signals: simultaneous sensing matrix and sparsifying dictionary optimization [J]. IEEE transactions on image processing, 2009, 18 (7):1395 –1408

[52] Baron D, Duarte M F, Wakin M B, et al. Distributed compressive sensing: arXiv:0901. 3403 [R/OL]. Cornell university: information theory report. [2009 – 01 – 22]. https://arxiv. org/pdf/0901. 3403. pdf

[53] Palangi H, Ward R, Denf L. Distributed compressive sensing: a deep learning approach [J]. IEEE transactions on signal processing, 2016, 64(17): 4504 –4518

[54] Hannak Gabor, Perelli A, Goertz N, et al. Performance analysis of approximate message passing for distributed compressed sensing [J]. IEEE journal of selected topics in signal processing, 2018, 12(5): 857 –870

[55] Babacan S D, Molina R, Katsaggelos A K. Bayesian compressive sensing using Laplace priors [J]. IEEE transactions on image processing, 2010, 19(1): 53 –63

[56] Gottardi G, Turrina L, Anselmi N, et al. Sparse conformal array design for multiple patterns generation through multi-task bayesian compressive sensing//Proceedings of the 2017 IEEE interna-

tional symposium on antennas and propagation & USNC/URSI national radio science meeting, San Diego, USA, July 9 – 14, 2017 [C]. Piscataway, USA: IEEE antennas and propagation society Inc. , 2017: 1947 –1491

[57] Hawes M, Mihaylova L, Septier F, et al. Bayesian compressive sensing approaches for direction of arrival estimation with mutual coupling effects [J]. IEEE transactions on antennas and propagation, 2017, 65(3): 1357 –1368

[58] Duarte M F, Eldar Y C. Structured compressed sensing: from theory to applications [J]. IEEE transactions on signal processing, 2011, 59(9): 4053 –4085

[59] Hegde C, Indyk P, Schmidt L. Approximation algorithms for model-based compressive sensing [J]. IEEE transactions on information theory, 2015, 61(9): 5129 –5147

[60] Guo W, Yin W. Edge guided reconstruction for compressive imaging [J]. SIAM journal on imaging sciences, 2012, 5(3), 809 –834

[61] Trakimas M, D'angelo R, Aeron S, et al. A compressed sensing analog-to-information converter with edge-triggered SAR ADC core [J]. IEEE transactions on circuits and systems I, 2013, 60(5): 1135 –1148

[62] Knudson K, Saab R, Ward R. One-bit compressive sensing with norm estimation [J]. IEEE transactions on information theory, 2016, 62(5): 2748 –2758

[63] Kafle S, Wimalajeewa T, Varshney P K. Generalized approximate message passing for noisy 1-bit compressed sensing with side-information//Matthews M B. Proceedings of the 52nd Asilomar conference on signals, systems, and computers, Pacific Grove, USA, Oct. 28 – 31, 2018 [C]. Piscataway, USA: IEEE signal processing society Inc. , 2018: 1964 –1968

[64] Duarte M F, Baraniuk R G. Kronecker compressive sensing [J]. IEEE transactions on image processing, 2012, 21(2): 494 – 504

[65] Zanddizari H, Rajan S, Zarrabi H. Increasing the quality of reconstructed signal in compressive sensing utilizing Kronecker technique [J]. Biomedical engineering letters, 2018, 8(2): 239 – 247

[66] Takhar D, Bansal V, Wakin M, et al. A compressed sensing camera: New theory and an implementation using digital micromirrors//Proceedings of the 2006 computational imaging IV at SPIE electronic imaging, San Jose, USA, Jan. 2006 [C]. 6505: 6509 – 6518

[67] Edgar M P, Sun M J, Gibson G M, et al. Real – time 3D video utilizing a compressed sensing time-of-flight single-pixel camera//Proceedings of the 2016 SPIE nanoscience + engineering: optical trapping and optical micromanipulation XIII, San Diego, USA, Aug. 28 – Sep. 1, 2016 [C]. Washington, USA: SPIE, 9922: 99221B

[68] Satat G, Musarra G, Lyons A, et al. Compressive Ultrafast Single Pixel Camera//Imaging and applied optics 2018, Orlando, USA, June 25 – 28, 2018 [C]. Optical society of America, 2018, paper CTu2E. 2

[69] Lustig M. Compressed sensing MRI [J]. IEEE signal processing magazine, 2008, 25(2): 72 – 82

[70] Seitzer M, Yang G, Schlemper J, et al. Adversarial and perceptual refinement for compressed sensing MRI reconstruction//Proceedings of the 21st international conference on medical image computing and computer assisted intervention, Granada, Spain, Sep. 16 – 20, 2018 [C]. Switzerland: Springer, 2018, I: 232 – 240

[71] Quan T M, Nguyen-Duc T, Jeong W K. Compressed sensing

MRI reconstruction using a generative adversarial network with a cyclic loss [J]. IEEE transactions on medical imaging, 2018, 37(6): 1488 −1497

[72] Paredes J L, Arce G R, Wang Z M. Ultra-wideband compressed sensing: channel estimation [J]. IEEE journal of selected topics in signal Processing, 2007, 1(3): 383 −395

[73] Sharma S, Gupta A, Bhatia V. Compressed sensing based UWB receiver using signal-matched sparse measurement matrix [J]. IEEE transactions on vehicular technology,2019,68(1):993 −998

[74] Eldar Y C. Compressed sensing of analog signals in shift-invariant spaces [J]. IEEE transactions on signal processing, 2009, 57(8): 2986 −2997

[75] Pareschi F, Albertini P, Frattini G, et al. Hardware-algorithms co-design and implementation of an analog-to-information converter for biosignals based on compressed sensing [J]. IEEE transactions on biomedical circuits and systems, 2016, 10(1): 149 −162

[76] Iliadis M, Spinoulas L, Katsaggelos A K. Deep fully-connected networks for video compressive sensing [J]. Digital signal processing, 2018, 72: 9 −18

[77] Shi G, Lin J, Chen X, et al. UWB echo signal detection with ultra-Low rate sampling based on compressed sensing [J]. IEEE transactions on circuits and systems II: express briefs, 2008, 55 (4): 379 −383

[78] 刘芳, 武娇, 杨淑媛, 等. 结构化压缩感知研究进展[J]. 自动化学报, 2013, 39(8): 1980 −1995

[79] 宋晓霞, 石光明. 低冗余的压缩感知观测[J]. 西安电子科技大学学报, 2012, 39(4): 144 −148, 171

[80] Ma J, Yuan X, Li P. Turbo compressed sensing with partial DFT sensing matrix [J]. IEEE signal processing letters, 2015,

22(2)：158－161

［81］罗孟儒，周四望. 自适应小波包图像压缩感知方法［J］. 电子
与信息学报，2013，35(10)：2371－2377

［82］刘亚新，赵瑞珍，胡绍海，等. 用于压缩感知信号重建的正
则化自适应匹配追踪算法［J］. 电子与信息学报，2010，32
(11)：2713－2717

［83］付宁，曹离然，彭喜元. 基于子空间的块稀疏信号压缩感知
重构算法［J］. 电子学报，2011，39(10)：2339－2342

［84］Zhang D，Liao X，Yang B，et al. A fast and efficient approach
to color-image encryption based on compressive sensing and frac-
tional Fourier transform［J］. Multimedia tools and applications，
2018，77(2)：2191－2208

［85］Wu Q，Zhang Y D，Amin M G，et al. Multi-task bayesian com-
pressive sensing exploiting intra-task dependency［J］. IEEE sig-
nal processing letters，2015，22(4)：430－434

［86］Guo Y，Song X，Li N，et al. An efficient missing data predic-
tion method based on Kronecker compressive sensing in multiva-
riable time series［J］. IEEE access，2018，6：57239－57248

［87］练秋生，石保顺，陈书贞. 字典学习模型、算法及其应用研究
进展［J］. 自动化学报，2015，41(2)：240－260.

［88］王韦刚，杨震，顾彬，等. 基于观测矩阵优化的自适应压缩
频谱感知［J］. 通信学报，2014，35(8)：33－39

［89］王蓉芳，焦李成，刘芳，等. 利用纹理信息的图像分块自适
应压缩感知［J］. 电子学报，2013，41(8)：1506－1514

［90］黄海平，陈九天，王汝传，等. 无线传感器网络中基于数据
融合树的压缩感知算法［J］. 电子与信息学报，2014，36
(10)：2364－2369

［91］卜红霞，白霞，赵娟，等. 基于压缩感知的矩阵型联合 SAR
成像与自聚焦算法［J］. 电子学报，2017，45(4)：874－881

［92］王海涛，王俊. 基于压缩感知的无源雷达超分辨 DOA 估计

［J］. 电子与信息学报, 2013, 35(4): 877 –881

［93］ Gao Z, Dai L, Dai W, et al. Structured compressive sensing-based spatio-temporal joint channel estimation for FDD massive MIMO［J］. IEEE transactions on communications, 2016, 64 (2): 601 –617

［94］ Zhang X, Ma Y, Qi H, et al. Distributed compressive sensing augmented wideband spectrum sharing for cognitive IoT［J］. IEEE internet of things journal, 2018, 5(4): 3234 –3245

［95］ Lai Z, Qua X, Liu Y, et al. Image reconstruction of compressed sensing MRI using graph-based redundant wavelet transform［J］. Medical image analysis, 2016, 27: 93 – 104

［96］ Liao X, Li K, Yin J. Separable data hiding in encrypted image based on compressive sensing and discrete Fourier transform［J］. Multimedia tools and applications,2017,76(20): 20739 –20753

［97］ 刘估鑫, 孙权森. 多尺度分形压缩感知遥感成像方法［J］. 测绘学报, 2013, 42(6): 876 –852

［98］ Liu G, Lin Z, Yan S, et al. Robust recovery of subspace structures by low-rank representation［J］. IEEE transactions on pattern analysis and machine intelligence, 2013, 35(1): 171 –184

［99］ Pacheco P. An introduction to parallel programming［M］. Burlington, USA: Morgan Kaufmann Publishers, 2011: 1 – 14

［100］ 并行计算. https://baike. baidu. com/item/% E5% B9% B6% E8% A1% 8C% E8% AE% A1% E7% AE% 97/113443? fr = aladdin

［101］ 迟学斌, 王彦棡, 王珏, 等. 并行计算与实现技术［M］. 北京: 科学出版社, 2015: 1 –8, 126 –185

［102］ 历军. 高性能计算应用概览［M］. 北京: 清华大学出版社, 2018: 1 –10

［103］ Reinders J, Jeffers J. 高性能并行珠玑:多核和众核编程方法［M］. 袁良,译.北京: 机械工业出版社, 2017: 2 –3, 197 –213

[104] 仇德元. GPGPU 编程技术——从 GLSL、CUDA 到 OpenCL [M]. 北京：机械工业出版社，2011：36 - 51，137 - 156，252 - 280

[105] Barlas G. 多核与 GPU 编程：工具、方法及实践[M]. 张云泉，贾海鹏，李士刚，等译. 北京：机械工业出版社，2017：333 - 451

[106] Programming guide：CUDA toolkit documentation（version 10.0.130）[EB/OL]. [2018 - 10 - 30]. https://docs.nvidia.com/cuda/archive/10.0/

[107] Cook S. CUDA 并行程序设计：GPU 编程指南[M]. 苏统华，李东，李松泽，等译. 北京：机械工业出版社，2014

[108] 天河三号超算原型机亮相天津芯片全自主化[J]. 信息系统工程，2018(5)：177

[109] Blanchard J D，Tanner J. GPU accelerated greedy algorithms for compressed sensing [J]. Mathematical programming computation，2013，5(3)：267 - 304

[110] Wang H，Peng H，Chang Y，et al. A survey of GPU - based acceleration techniques in MRI reconstructions [J]. Quant imaging in medicine surgery，2018，8(2)：196 - 208

[111] Chang C H，Yu X，Ji J X. Compressed sensing MRI reconstruction from 3D multichannel data using GPUs [J]. Magnetic resonance in medicine，2017，78(6)：2265 - 2274

[112] Bernabè S，Martín G，Nascimento J M P，et al. Parallel hyperspectral coded aperture for compressive sensing on GPUs [J]. IEEE journal of selected topics in applied earth observations and remote sensing，2015，9(2)：932 - 944

[113] Huang F，Tao J，Xiang Y，et al. Parallel compressive sampling matching pursuit algorithm for compressed sensing signal reconstruction with OpenCL [J]. Journal of systems architecture，2017，72：51 - 60

[114] Armbrust M, Fox A, Griffith R, et al. A view of cloud computing [J]. Communications of the ACM, 2010, 53(4): 50 – 58

[115] 刘鹏. 云计算[M].3 版. 北京: 电子工业出版社, 2015: 3

[116] Noor T H, Zeadally S, Alfazi A, et al. Mobile cloud computing: challenges and future research directions [J]. Journal of network and computer applications, 2018, 115: 70 – 85

[117] 李学龙, 龚海刚. 大数据系统综述[J]. 中国科学: 信息科学, 2015, 45(1): 1 – 44.

[118] 罗军舟, 金嘉晖, 宋爱波, 等. 云计算: 体系架构与关键技术[J]. 通信学报, 2011, 32(7): 3 – 21

[119] 中国信息通信研究院. 2018 年云计算发展白皮书[R/OL]. [2018 – 08 – 15]. http://www. caict. ac. cn/xwdt/hyxw/201808/t20180815_181861. htm

[120] 工业和信息化部电信研究院. 云计算白皮书(2012 版)[R/OL]. [2012 – 04 – 13]. http://www. caict. ac. cn/xwdt/ynxw/201804/t20180426_156274. htm

[121] Sun A, Ji T, Yue Q, et al. IaaS public cloud computing platform scheduling model and optimization analysis [J]. International journal of communications, network and system sciences, 2011, 4, 803 – 811

[122] White T. Hadoop 权威指南[M]. 4 版. 王海, 华东, 刘喻, 等译. 北京: 清华大学出版社, 2017: 141 – 276

[123] Glushkova D, Jovanovic P, Abelló A. Mapreduce performance model for Hadoop 2. x [J]. Information systems, 2019, 79: 32 – 43

[124] Buxton B, Goldston D, Doctorow C, et al. Big Data [J/OL]. Nature, 2008, 455: 1 – 50. (2008 – 09 – 03) [2012. 10. 02]. https://www. nature. com/collections/wwymlhxvfs

[125] Jonathan T, Overpeck J T, Reichman O J, et al. Special online collection: dealing with data [J/OL]. Science, 2011, 331 (6018): 639 – 806. [2012 – 10 – 02]. https://www. sci-

encemag. org/site/special/data/

[126] 李国杰,程学旗. 大数据研究:未来科技及经济社会发展的重大战略领域——大数据的研究现状与科学思考[J]. 中国科学院院刊, 2012(6): 647-657

[127] 翟周伟. Hadoop 核心技术[M]. 北京:机械工业出版社, 2015: 45-68, 104-138

[128] 刘军. Hadoop 大数据处理[M]. 北京:人民邮电出版社, 2013: 35-65

[129] Kung H T, Lin C K, Vlah D. CloudSense: continuous fine-grain cloud monitoring with compressive sensing//Proceedings of the 3rd USENIX workshop on hot topics in cloud computing, Portland, USA, June 14-15, 2011 [C/OL]. The USENIX, https://dash. harvard. edu/handle/1/9972706

[130] Song X, Peng X, Xu J, et al. Distributed compressive sensing for cloud-based wireless image transmission [J]. IEEE transactions on multimedia, 2017, 19(6): 1351-1364

[131] Hu G, Xiao D, Xiang T, et al. A compressive sensing based privacy preserving outsourcing of image storage and identity authentication service in cloud [J]. Information sciences, 2017, 387: 132-145

[132] Hellmann D. Python 标准库 [M]. 刘炽,等译. 北京:机械工业出版社, 2012

[133] The Python Programming Language [EB/OL]. [2019-05], https://www. tiobe. com/tiobe-index

[134] Gantz J, Reinsel D. The digital universe in 2020: big data, bigger digital shadows, and biggest growth in the Far East [EB/OL]. IDC iView, 2012. [2012-12]. https://www. emc. com/leadership/digital-universe/2012iview/index. htm

[135] Gantz J, Reinsel D. Lee R. The digital universe in 2020: big data, bigger digital shadows, and biggest growth in the Far

East——China[EB/OL]. IDC Country Brief, 2013. [2013 – 03 – 14]. https://www. emc. com/collateral/analyst – reports/ emc – digital – universe – china – brief. pdf

[136] Reinsel D, Rydning J, Morales M, et al. IDC's worldwide global datasphere taxonomy [EB/OL]. [2018 – 11]. https:// www. idc. com/getdoc. jsp? containerId = US44473218

[137] IDTechEx. RFID forecasts, players and opportunities 2017 – 2027 [R/OL]. Market research report, 2017. [2017 – 08 – 01]. https://pdf. marketpublishers. com

[138] Cui K. China internet of things platform forecast, 2017—2021 [R/OL]. IDC report: market forecast, 2018. [2018 – 04]. https://www. idc. com/getdoc. jsp? containerId = CHE43728918

[139] 刘云浩. 物联网导论[M]. 3 版. 北京: 科学出版社, 2017: 3 – 10

[140] Gubbi J, Buyya R, Marusic S, et al. Internet of things (IoT): a vision, architectural elements, and future directions [J]. Future generation computer systems, 2013, 29(7): 1645 – 1660

[141] Al-Fuqaha A, Guizani M, Mohammadi M, et al. Internet of things: a survey on enabling technologies, protocols, and applications [J]. IEEE communications surveys & tutorials, 2015, 17(4): 2347 – 2376

[142] 陈海明, 崔莉, 谢开斌. 物联网体系结构与实现方法的比较研究[J]. 计算机学报, 2013, 34(1): 168 – 188

[143] Li S, Xu L D, Zhao S. The internet of things: a survey [J]. Information systems frontiers, 2015, 17(2): 243 – 259

[144] Xu L D, He W, Li S. Internet of things in industries: a survey [J]. IEEE transactions on industrial informatics, 2014, 10 (4): 2233 – 2243

[145] 钱志鸿, 王义君. 物联网技术与应用研究[J]. 电子学报,

2012, 40(5): 1023 – 1029

[146] Wortmann F, Flüchter K. Internet of things [J]. Business & information systems engineering, 2015, 57(3): 221 – 224

[147] Ashton K. That "internet of things" thing: in the real world, things matter more than ideas [J/OL]. RFID journal, 2009. [2009 – 06 – 22]. https://www. rfidjournal. com/articles/ view? 4986

[148] Dean J, Ghemawat S. Mapreduce: simplified data processing on large clusters [J]. Communications of the ACM, 2008, 51 (1): 107 – 113

[149] 刘维. 实战 Matlab 之并行程序设计[M]. 北京: 北京航空航天大学出版社, 2012: 43 – 86

[150] Giancarlo Z. Python 并行编程手册[M]. 张龙, 译. 北京: 电子工业出版社, 2018

[151] Dolgopolovas V, Dagienè V, Minkevičius S, et al. Python for scientific computing education: modeling of queueing systems [J]. Scientific programming, 2014, 22(1): 37 – 51

[152] Smith D S, Gore J C, Yankeelov T E, et al. Real-time compressive sensing MRI reconstruction using GPU computing and split Bregman methods [J/OL]. International journal of biomedical imaging, 2012, Article ID: 864827. [2012 – 02 – 01]. https://www. hindawi. com/journals/ijbi/2012/ 864827/abs/

[153] Sundermeyer F, Roth T. SUSE openstack cloud 7: deployment guide [EB/OL]. [2017 – 08 – 04]. https://www. suse. com/ documentation/suse – openstack – cloud – 7/singlehtml/book_ cloud_deploy/book_cloud_deploy. html

[154] Pickle-python object serialization [EB/OL]. The python standard library: Data Persistence. http://docs. python. org/lib/ module – pickle. html

[155] Marshal-internal python object serialization [EB/OL]. The python standard library: Data Persistence. http://docs. python. org/2/library/marshal. html

[156] Zhu Z, Zhang G, Zhang Y, et al. Briareus: accelerating python applications with cloud//Proceedings of the 27th IEEE international conference on parallel & distributed processing symposium workshops and PhD forum, Boston, USA, May 20 – 24, 2013 [C]. Danvers, USA: IEEE computer society, 2013: 1449 – 1456

[157] Zhu Z. Briareus [EB/OL]. http://tefx. github. io/Briareus

[158] Gan L. Block compressed sensing of natural images//Proceedings of the 15th international conference on digital signal processing, Cardiff, UK, July 1 – 4, 2007 [C]. Piscataway, USA: IEEE Operations Center, 2007: 403 – 406

[159] Zelnik-Manor L, Rosenblum K, Eldar Y C. Dictionary optimization for block-sparse representations [J]. IEEE transactions on signal processing, 2012, 60(5): 2386 – 2395

[160] Bigot J, Boyer C, WEISS P. An analysis of block sampling strategies in compressed sensing [J]. IEEE transactions on information theory, 2016, 62(4): 2125 – 2139

[161] Adler A, Boublil D, Zibulevsky M. Block-based compressed sensing of images via deep learning//Proceedings of the IEEE 19th international workshop on multimedia signal processing, Luton, UK, Oct. 16 – 18, 2017 [C]. Red Hook, USA: Curran associates Inc. , 2017: 1 – 6

[162] Du Y, Cheng C, Dong B, et al. Block-compressed-sensing-based multiuser detection for uplink grant-free NOMA systems//Proceedings of the 2018 IEEE international conference on communications, Kansas, USA, May 20 – 24, 2018 [C]. Red Hook, USA: Curran associates Inc. , 2018: 1 – 7

[163] 桂小林, 安健, 何欣, 等. 物联网技术导论[M]. 2 版. 北京: 清华大学出版社, 2018: 1 – 40

[164] Santoro G, Vrontis D, Thrassou A, et al. The Internet of Things: building a knowledge management system for open innovation and knowledge management capacity [J]. Technological forecasting and social change, 2018, 136: 347 – 354

[165] 孟海涛, 邵星. 基于压缩感知算法的传感器网络异常事件检测[J]. 吉林大学学报(理学版), 2018, 56(2): 375 – 381

[166] Shen X, Huang D D, Xu L, et al. Reconstruction of vertical rainfall fields using satellite communication links//Proceedings of the 23rd Asia-Pacific conference on communications, Perth, Austria, Dec. 11 – 12, 2017 [C]. Danvers, USA: IEEE communication society inc.: 546 – 551

[167] Shen X, Huang D D, Song B, et al. 3-D tomographic reconstruction of rain field using microwave signals from LEO satellites: principle and simulation results [J]. IEEE transactions on geoscience and remote sensing, 2019, 57(4): 1873 – 1882